O NASCIMENTO DA TERRA

ROSELIS VON SASS

O NASCIMENTO DA TERRA

4ª edição

ORDEM DO GRAAL NA TERRA

Editado pela:

ORDEM DO GRAAL NA TERRA
Rua Sete de Setembro, 29.200
06845-000 – Embu das Artes – São Paulo – Brasil
www.graal.org.br

1ª edição: 1990
4ª edição: 2025

Dados Internacionais de Catalogação na Publicação (CIP)
(Câmara Brasileira do Livro, SP, Brasil)

Sass, Roselis von, 1906–1997
  O nascimento da Terra / Roselis von Sass. – 4.ª ed. – Embu das Artes, SP : Ordem do Graal na Terra, 2025.

  ISBN 978-85-7279-047-5

  1. Cosmologia 2. Terra (Planeta) - Origem 3. Seres humanos - Origem I. Título.

25-252221   CDD-523.1

Índices para catálogo sistemático:

1. Cosmologia 523.1

Eliane de Freitas Leite - Bibliotecária - CRB 8/8415

Capa: Paloma de Farias Portela Seehagen

Copyright © **ORDEM DO GRAAL NA TERRA** 1990

Direitos autorais: **ORDEM DO GRAAL NA TERRA**

Registrados sob nº 64.654 na Biblioteca Nacional

Impresso no Brasil

Papel certificado, produzido a partir de fontes responsáveis

E chegou a hora. Encontramo-nos na última fase do Juízo, e o ser humano tem de comer os frutos amargos daquilo que semeou. Na Terra inteira podem ser vistos, nitidamente, os efeitos. Só que esses efeitos são totalmente diferentes daquilo que o ser humano imaginou.

Roselis von Sass

"NUMA COISA TEM O SER HUMANO TERRENO DE ATENTAR ESPECIALMENTE, VISTO TER PECADO GRAVEMENTE A TAL RESPEITO: A LIGAÇÃO COM OS AUXILIARES ENTEAIS *JAMAIS* DEVE SER *INTERROMPIDA!* CASO CONTRÁRIO ABRIS UMA GRANDE LACUNA QUE *VOS* PREJUDICA."

Abdruschin
"NA LUZ DA VERDADE"
(Os planos espírito-primordiais IV)

PREFÁCIO

O PRESENTE LIVRO constitui uma breve, porém extraordinária e até absolutamente descomunal, transmissão de vivências e acontecimentos em vários planos da matéria, aos quais a consagrada escritora Roselis von Sass pôde assistir. Trata-se de imagens que, no entanto, reproduzem a vida ocorrida em intervalos de bilhões, milhões e milhares de anos.

Neste livro não existem fantasias. Todos os acontecimentos ocorreram exatamente da forma como foram descritos.

O ser humano de hoje esqueceu totalmente que a Terra, sua pátria, bem como o Universo inteiro, foi construída por enteais que, ininterruptamente e com fidelidade inquebrantável, põem em execução a vontade do sempiterno Criador.

A finalidade deste livro é contribuir para que o saber da existência dos incansáveis enteais, que outrora tanto gostavam dos seres humanos, seja novamente despertado.

Esse saber, infelizmente, o ser humano perdeu há muito tempo. O que nesse sentido ainda restou de tradições, por intermédio de algumas poucas pessoas, acabou sendo desviado para o reino das lendas e das fábulas.

E foram justamente os enteais, através de dedicadíssimo trabalho e incansáveis cuidados, que possibilitaram a encarnação de espíritos humanos nos corpos animais de desenvolvimento máximo aqui na Terra e, dessa forma, facultaram-lhes o curso evolutivo espiritual e material, assim como está descrito no presente livro.

A fim de assimilar corretamente o conteúdo das narrações da escritora, é necessário e indispensável que o leitor traga em si, mesmo de forma inconsciente, um lampejo de saudade dos tempos longínquos, quando os seres humanos viviam em conjunto e em harmonia com os enteais e com os animais, servindo à vontade do onipotente Criador, de modo verdadeiro e fiel.

Harry von Sass

INTRODUÇÃO

O NASCIMENTO DA Terra e a encarnação dos espíritos humanos na Terra são os dois acontecimentos mais marcantes de que trata o presente livro. Foram enteais que tudo construíram e desenvolveram. E são também enteais que mantêm a Criação, administrando-a conforme as imutáveis leis que constituem a expressão da vontade sempiterna do onipotente Criador.

A Terra, pois, foi construída por enteais, e os seres humanos são os que dela usufruem!

Aqui devem ser citadas, especialmente, as palavras de Abdruschin em sua Mensagem do Graal, *Na Luz da Verdade*, vol. 3, contidas na dissertação *O enteal:*

"Os enteais são os construtores e administradores da casa de Deus, isto é, da Criação. Os espíritos são os hóspedes dentro dela."

Sim, os espíritos, isto é, os espíritos humanos, são hóspedes na maravilhosa Criação, construída e mantida pelos enteais.

Mas como chegaram os espíritos humanos à Terra, para prosseguir seu curso evolutivo na matéria grosseira? E novamente foram os enteais que criaram as condições necessárias para isso.

Partindo de uma linhagem especial de macacos de outrora, que nada tem a ver com os macacos de hoje, criou-se o animal mais desenvolvido e de uma espécie tão singular, que então estaria apto a receber a encarnação de um espírito. Esses animais desenvolvidos ao máximo, os babais, que já andavam em posição ereta e construíam abrigos de folhagens, foram conscientemente preparados, mediante condições específicas de vida e uma alimentação especialmente escolhida, para chegar ao máximo em seu desenvolvimento, possibilitando assim a encarnação de espíritos humanos. Esse processo exigiu longos períodos de tempo e muitas gerações.

Os babais existiram somente uma vez na história da Terra e também somente durante um tempo relativamente muito curto. Também o número deles foi muito pequeno. Houve apenas poucos grupos, que, por sua vez, formaram as bases para as diversas raças humanas.

Depois de ocorridas as primeiras encarnações, os babais haviam cumprido sua missão, extinguindo-se em pouco tempo.

Havia começado a encarnação dos espíritos humanos na Terra, e com isso fora alcançado um ponto máximo no desenvolvimento de toda a Criação.

E mais uma vez devem ser citadas aqui palavras da Mensagem do Graal, *Na Luz da Verdade*, de Abdruschin, vol. 2, dissertação *A criação do ser humano:*

> "Chegara, pois, o grande período no desenvolvimento da Criação: de um lado, no mundo de matéria grosseira, estava o animal desenvolvido ao máximo, que devia fornecer o corpo terreno como receptáculo para o futuro ser humano; de outro lado, no mundo de matéria fina, estava a alma humana desenvolvida, que aguardava a ligação com o receptáculo de matéria grosseira, a fim de assim dar a tudo quanto é de matéria grosseira um impulso mais amplo para a espiritualização.
>
> Quando se realizou um ato gerador entre o mais nobre par desses animais altamente desenvolvidos, não surgiu no momento da encarnação, como até então, uma alma

animal*, encarnando-se, contudo, em seu lugar, a alma humana já preparada para isso e que trazia em si a imortal centelha espiritual."

Que a leitura deste livro incomum desperte no leitor a compreensão e o amor pelos enteais!

Roselis von Sass

---

* *Na Luz da Verdade* – Mensagem do Graal de Abdruschin – Dissertação: *A diferença de origem entre o ser humano e o animal.*

As palavras que se seguem não constituem um tratado científico. Os acontecimentos aqui descritos, que meu espírito pôde receber, são apenas breves episódios ocorridos durante a existência da Terra. Pode-se dizer que o nascimento da Terra ocorreu de quatro a cinco bilhões de anos atrás.

A descrição dos longos e meticulosos preparativos para o nascimento dos espíritos humanos na Terra, segundo a minha opinião, foi o acontecimento mais importante a mim mostrado.

Já há tempo, era meu desejo poder ver em imagens, pelo menos parcialmente, a beleza de outrora da Terra e o atuar em conjunto dos entes da natureza. Pois sabemos que para tudo o que foi e que ainda será criado existem as formas previamente executadas, que podem ser chamadas de modelos.

Meu desejo foi atendido.

O NASCIMENTO DA TERRA

Encontramo-nos na parte do Universo denominada "Éfeso". É uma parte do Universo constituída de bilhões de astros. Além dessa parte existem ainda seis outras. Seus nomes são: Smirna, Filadélfia, Tiátira, Laodicéa, Sardes e Pérgamo. Nessas seis partes do Universo circulam também um número inimaginável dos mais variados astros. Esses sete Universos pertencem à Criação posterior.

Contudo, dirigimo-nos à parte do Universo Éfeso. É como se alguém falasse comigo através da intuição, pois não escuto palavras; entendo tudo o que me é transmitido.

"Está nascendo um astro", ouço, "o qual, quando for chegada a época, receberá espíritos humanos, cujo desenvolvimento deverá ocorrer na matéria grosseira. O novo astro, que também pode ser chamado de planeta, será mais tarde denominado Terra. O significado deste nome é 'campo de desenvolvimento'.

O povo enteal, através do qual surgiu tudo o que cresce e se desenvolve na Terra, bem como tudo aquilo que faz parte da natureza, cuida também da respectiva renovação. Quando então o ciclo de um astro estiver terminado, chega uma outra espécie de entes da natureza que inicia e conclui a dissolução dele. Isso pode demorar milhões de anos." –

Enquanto me encontrava num lugar, que não sou capaz de descrever, observando no firmamento um Sol especialmente grande e não muito distante de mim, eu refletia, simultaneamente, sobre as palavras que falavam para a minha intuição. E, de repente, tornei-me consciente de que não me encontrava sozinha.

Duas grandes figuras masculinas estavam presentes, uma de cada lado, dizendo:

"Não tenhas medo. Fomos enviados para te ajudar. Assimila em teu espírito o que te é mostrado! E depois passa para diante!"

Assimilei no íntimo o que me foi dito, contudo ainda olhei para o Sol, admirando-me por meus olhos não arderem, apesar da claridade incomum.

"Embora os enteais sejam de uma espécie mais fina de matéria, uma grande parte deles está capacitada a atuar na matéria grosseira, onde os seres humanos vivem. Sempre verás a mais pura alegria brilhando em seus olhos. Ela é a expressão viva do seu agradecimento ao onipotente Criador.

Os enteais não possuem um idioma como os seres humanos. Eles se fazem entender pela expressão de suas intuições. Além disso, já trouxeram o saber de tudo o que se espera deles. A organização de trabalho dos enteais é perfeita. Quando necessário, são introduzidos em determinados serviços por mestres correspondentes."

Ouvi um dos dois dizer que a abundância dos astros exigia um constante nascer e fenecer.

"Nisso se cumpre a lei da movimentação da Criação", acrescentou o outro.

Voltei-me então para as duas figuras ao meu lado. Ambos vestiam mantos leves, que caíam até os pés, com mangas compridas de cor cinza-prateada. Usavam ainda panos brancos e leves que lhes cobriam toda a testa, caindo pelas costas e uma parte do peito. Uma testeira de fibras prendia os panos em suas cabeças. Sem que eu percebesse, foi-me colocado também um manto, um manto leve e bordado com ouro. Em lugar do pano, senti em minha cabeça um chapéu de fibras macias.

Logo depois, fui informada sobre quem eram e qual o significado que os dois teriam para mim. Não ouvi palavras, não obstante compreendi exatamente o que me foi comunicado.

O homem do meu lado direito era de espécie espiritual, e o do lado esquerdo era enteal. Este ocupava no reino da rainha da Terra um cargo de ensino. Aliás, para aqueles enteais que seriam preparados para um encargo especial. Os nomes de ambos não me foram revelados. A mim, porém, chamavam de "Isa".

Através da ligação com esses extraordinários acompanhantes pude ver e compreender algo sobre o reino da natureza da Terra, bem como sobre o atuar fiel e incansável dos pequenos e grandes enteais.

Não é possível expressar com palavras a gratidão que sinto, por me terem sido concedidos esses dois acompanhantes sábios, embora ela perpasse todo o meu ser. Durante longo tempo não vi seus rostos.

VOLTEMO-NOS AGORA para o planeta dos seres humanos – "Terra" – em formação. Cada astro de matéria grosseira possui, na matéria grosseira mais fina ou mediana, um "astro modelo", com o qual fica ligado.

Na formação de um astro pode ser descrito, parcialmente, o aspecto exterior. Somente, porém, em parte. O que se desenrola no interior desse astro é de tal forma, que só muito superficialmente pode ser transmitido. O essencial, que sustenta um planeta e que o faz girar, não pode ser transmitido com palavras humanas.

A Terra e as miríades de astros são de espécie grosso-material. Por isso, podemos, nós seres humanos, ver com os órgãos sensoriais de nossos corpos de matéria grosseira tudo o que ocorre neste mundo. Os enteais, que outrora fizeram surgir a Terra numa beleza paradisíaca, são de uma matéria grosseira mais fina. Por essa razão não podemos vê-los, com exceção de poucas pessoas, pessoas essas, aliás, encontradas cada vez em menor número.

Apenas podemos ver os produtos de sua atuação, como por exemplo montanhas, árvores, águas, etc. Até podemos aspirar o ar, cuja composição é examinada, periodicamente, por entes escolhidos para isso.

O enteal ao meu lado fez um movimento, e então vi uma maravilhosa pedra vermelha em sua testa. Foi apenas uma fração de segundo. Provavelmente a usava semiescondida, debaixo da testeira que prendia o pano.

Fiquei triste por ter visto algo que certamente não deveria ver. Logo depois, ouvi sua voz:

"Não fiques triste, Isa. Viste a pedra que faz parte do meu enfeite de cabeça. Temos muitos artífices entre o nosso povo que confeccionam joias maravilhosas."

Meus olhos encheram-se de lágrimas, pois sua voz era amável como sempre.

"Pelo que vejo, escolhemos o lugar certo para poder observar direito o grande acontecimento", disse o acompanhante espiritual.

"Vemos diante de nós o lugar onde o astro terrestre deve situar-se. A força luminosa do poderoso Sol é fraca no momento. Mas seu movimento vibratório cansa."

Não sei qual dos meus acompanhantes disse isso. Estava, porém, certo. Eu poderia ter adormecido imediatamente. No mesmo momento em que assim pensava, tudo em nossa volta mudou, e eu novamente me sentia refeita e forte.

No ar, diretamente diante do Sol, formou-se um coração vermelho, dentro do qual vimos, durante um momento, uma cruz de fulgor sobrenatural. Parecia encontrar-se no meio do coração.

"Este coração muda de formato várias vezes", escutei no meu íntimo. "Depende do lado que é observado. Apenas a cor vermelha permanece sempre a mesma."

Encontro-me ainda há muito pouco tempo junto de meus acompanhantes, razão por que não posso dizer, com segurança, qual dos dois está falando comigo e dando esclarecimentos.

Enquanto eu observava o coração – não se via mais a cruz – o Sol parecia afastar-se lentamente, aliás distante apenas de modo a permanecer sempre visível.

De repente, névoas impenetráveis encobriram toda a região. Pareciam nuvens brancas.

"Vamos observar o que se segue de outro local", ouvi no meu íntimo.

Dessa vez falou o guia espiritual, pois ele logo pegou meu braço, e nós três fomos até um lugar mais alto, onde nos acomodamos em confortáveis assentos. Nessa ocasião vi uma mão moreno--dourada, em cujo indicador se destacava um grande diamante, que brilhava em todas as cores. Era a mão do guia espiritual. Embora ele soubesse que eu havia visto a sua mão, não fez nenhuma menção sobre o fato.

As massas gasosas em forma de nuvens começaram a se movimentar para todos os lados. Pouco a pouco, tomaram uma forma esférica de tamanho a se perder de vista. Compreendi que os períodos iniciais, até que o planeta terrestre lentamente se formasse, não podiam ser imaginados pelos seres humanos. As massas de nuvens gasosas, que faziam – assim me parecia – lentos movimentos circulares, cobriam toda a região.

Graças aos meus dois grandes acompanhantes, tudo me foi mostrado então, mas apenas em imagens. Devem ter-se passado milênios, sim, talvez muito mais tempo ainda, até que se tornasse visível uma alteração nos movimentos das nuvens. Olhando melhor, podiam-se distinguir grandes entes femininos, cujas vestes eram quase das cores das nuvens. Esses entes, na verdade, apenas podiam ser percebidos devido aos cintos verde-claros que os enlaçavam no meio do corpo. Eles possuíam, além dos braços, grandes asas brancas.

"Certos nevoeiros de gás somente podem ser divididos por movimentos de asas", ouvi no meu íntimo o esclarecimento de um dos dois. "Seus rostos são protegidos por uma espécie de máscara. Esses entes, que agora estamos observando, atuam somente no processo de formação de novos astros", concluiu o sábio enteal sua explicação.

Depois começou um processo de transformação ou modificação. Os enteais, com suas longas vestes, faziam, assim me pareceu, apenas poucos movimentos com as asas. E não demorou muito para que cessassem esses movimentos completamente. Pelo que pude observar, retiraram-se para as camadas superiores da atmosfera. Então vi que suas roupas eram muito bonitas, cintilando como prata. Lentamente, a massa gasosa tornava-se tênue e transparente. Nesse momento, ocorreu novamente uma alteração inesperada. Sob fortes trovões, o tênue véu de gás transformou-se em incontáveis partículas coloridas, que se juntavam de tal maneira que formavam uma gigantesca esfera. Essa esfera, de tamanho impossível de abranger com a vista, tinha certamente as dimensões do esperado planeta terrestre.

As partículas, contudo, eram inexplicavelmente tão transparentes, que novamente se podia ver o coração vermelho no centro. O coração, aliás, também se alterava. Em seu lugar tornou-se visível uma chama vermelho-violeta, flamejando no meio de uma imensa massa líquida, vermelho-incandescente. Embora essa massa fosse de enormes dimensões, podia-se perceber perfeitamente que ela se encontrava dentro de uma espécie de bacia. A massa, chamada magma, se encontrava em contínuo movimento e, periodicamente, podiam-se ver os anéis que seguravam a massa vermelho-incandescente. O material do qual os anéis se compunham era desconhecido em parte.

"Conheces magnésio e ferro", declarou a voz no meu íntimo. "Contudo, o mais importante dessa bacia firme é um material que liga solidamente os anéis metálicos. Sua composição é difícil de descrever. Mas o nome desse material desconhecido é fácil de guardar. Chama-se 'material solar'!"

"Material solar!"

Embora eu não pudesse imaginar muita coisa sobre isso, jamais esqueci esse nome.

A massa incandescente começou novamente a ondular intensamente. Formaram-se turbilhões, e profundos abismos fizeram-se ver.

"Nesse momento estão sendo lançados minerais em forma líquida e incandescente para a superfície", ouvi a voz do sábio enteal.

"Não sou tão sábio como supões. Vivo no reino da natureza, sou apenas uma pequena parte dela. Contudo, esse reino é a minha pátria, e consequentemente sei o que devo saber. Vós sabeis tudo, ou quase tudo, que se passa no mundo humano!"

Aceitei silenciosamente esse esclarecimento. E intimamente pedi perdão por saber tão pouco do reino, desse grande reino da natureza dos enteais.

Num momento em que as chamas do coração se projetaram de modo especialmente alto, apareceu no seu meio uma gigantesca figura. "Pluto", o guardião do fogo terrestre, mostrava-se pela primeira vez. Parecia-me que ele vestia uma roupa de tecido metálico, tão justa, como se fosse uma segunda pele. Pluto era uma figura maravilhosa. Às vezes parecia modificar-se, assemelhando-se a uma coluna de fogo. Na cabeça usava um elmo com quatro pontas, que emitiam chamas ininterruptamente.

Quando a turbulenta massa incandescente se acalmou durante algum tempo, Pluto caminhou sobre a massa mole, de um lado para o outro, com passos uniformes. De repente se viam várias figuras, grandes e belas. Era o séquito de Pluto. A única diferença entre eles é que seus elmos não tinham pontas. Ninguém deve surpreender-se com o fato de Pluto e seu séquito se movimentarem sobre a massa incandescente, como se andassem sobre terra firme. Para o povo da natureza não existe uma massa firme e impenetrável na matéria grosseira. Eles atravessam a terra, que nos parece compacta, como nós, seres humanos, atravessamos o ar.

De fato, eles criaram a pesada matéria, mas como são constituídos de uma espécie mais fina de matéria grosseira, tudo o que para nós, seres humanos, parece firme e impenetrável, para eles não representa nenhum impedimento.

Densas nuvens de gás cobriam novamente o astro terrestre em formação.

"Começa a formar-se a crosta de enrijecimento do núcleo mais interno da Terra", escutei em meu íntimo. "Decorreram milhões de anos."

Durante o processo de enrijecimento, gigantes da terra começaram a ocupar-se com a distribuição dos futuros mares. Contudo, não estavam sozinhos. Em sua companhia encontravam-se figuras altas e esbeltas, com vestimentas verdes e azul-claras, que davam a impressão de águas correntes ao observá-las mais demoradamente. A confecção dessa roupa era muito simples. Esses entes usavam todos a mesma vestimenta. Constituía-se de blusa fechada, a qual quase alcançava os joelhos; a calça era comprida e feita de tal forma, que envolvia também os pés, com o mesmo tecido. Eles tinham rostos belos e bem-proporcionados.

"Olha bem seus olhos", ouvi no meu íntimo a voz enteal, que se tornara querida para mim. "Podes chamá-los 'nacitas'!" continuei a ouvir.

Primeiro constatei apenas que eles constantemente olhavam para todos os lados e que aí a cor de seus olhos mudava. Os gigantes encontravam-se a certa distância e pareciam aguardar algo. De repente, vi um movimento estranho nos olhos dos nacitas, e me coloquei diretamente diante de um deles, para poder ver melhor. Nem precisei olhar muito tempo para me tornar ciente de que não somente seus olhos eram estranhos, mas que com eles podiam também medir longitudes e latitudes. Naturalmente, não se via nenhuma fita de medir, não obstante sentia-se que tudo o que esses gigantes queriam saber a respeito de distâncias, eles calculavam exatamente com seus olhos extraordinários.

"Esses entes são insuperáveis no seu ramo, atuando por toda parte onde se fazem necessárias divisões ou medições de altitude. Os nacitas também estiveram sempre presentes, quando transformações da Terra tiveram de ocorrer. E no decorrer dos tempos aconteceram inúmeras."

De repente os gigantes começaram a rir. Soava quase como um trovão. Somente depois de certo tempo percebi o motivo de sua alegria.

Senti que meus acompanhantes olhavam para cima. E então também vi uma nuvem verde rodopiando pelos ares. Sim, rodopiando e até fazendo cambalhotas. Eram alguns entes dos ventos, brincalhões, cujas figuras gordas se assemelhavam a tonéis! Suas roupas pareciam constituídas de folhagem verde. Até as cabeças eram envoltas por folhagem. Seus rostos eram redondos, e tão gordos, que mal se viam os olhos. Esses entes dos ventos pareciam estar envolvidos numa nuvem transparente. A movimentação que eles trouxeram foi tão forte, que causou a impressão de que todo o ar vibrava. Assobiando de modo brincalhão e uivando em todos os tons, eles moviam-se em largos círculos em volta dos nacitas. Somente se retiraram quando os gigantes se movimentaram, pisando pesadamente, a fim de começar o seu trabalho.

OBSERVAMOS o formar do jovem planeta de diversos pontos. Onde nos encontrávamos, nesse momento, vimos outros enteais tão grandes quanto Pluto.

"Esses entes têm uma incumbência toda especial. Eles demarcam e preparam os canais de desvio para fora do núcleo incandescente da Terra. Enquanto a Terra viver, o seu núcleo será incandescente. Esses entes são os distribuidores dos gases que provocam as necessárias erupções vulcânicas. Se não houvesse os canais de desvio a Terra explodiria, devido ao acúmulo das massas de gases."

Os entes dos vulcões pareciam estar envoltos estreitamente, da cabeça aos pés, por uma massa vítrea de cor preta. Uma idêntica massa vítrea preta cobria seus rostos, dos quais grandes e redondos olhos fulguravam. Vários anéis, assemelhando-se a uma coroa, cingiam as suas cabeças. Dessas coroas singulares relampejavam, de vez em quando, chamas de cor amarelo-violeta.

Já havíamos deixado o lugar de onde pudemos observar os entes dos vulcões. No local em que agora nos encontrávamos, percebi que começava a crepusculejar no astro Terra. Responsáveis por esse estranho crepúsculo eram compactas nuvens, que haviam baixado até certa altura sobre o globo terrestre. Nessas aglomerações de nuvens podiam-se ver, rapidamente, as fadas das nuvens que, com seus singulares, grandes e redondos olhos que pareciam de vidro, davam a impressão de observar tudo o que se passava abaixo delas.

"Olha bem aquela nuvem com um vislumbre colorido! Logo perceberás um dos titãs, que, como vários outros, quase sempre só se encontram na matéria grosseira mediana ou mais fina, uma vez que lá eles têm suas incumbências."

Mal eu havia assimilado essas palavras no meu íntimo, quando vi, no meio da nuvem, uma figura muito alta, de brilho vermelho-prateado. Também seu elmo tinha o mesmo brilho. O titã usava botas que subiam até acima dos joelhos, feitas igualmente com um material prateado. As cores de suas vestes alteravam-se a cada movimento dele. A cor do seu rosto era muito branca. Não posso descrever isso exatamente, uma vez que reflexos coloridos continuamente surgiam de várias direções.

A pátria dos titãs, no entanto, é Valhala. Esse grande reino se situa muito distante dos mundos de matéria grosseira. Dirigem esse maravilhoso reino o rei "Wotan" e sua esposa. Esses dois são os únicos que trazem em si algo de espiritual. Lá vivem e atuam todos os guias do imenso povo enteal da natureza, que exerce sua atividade em toda a Criação posterior. Esses guias eram considerados deuses nos tempos passados.

Depois dessa rápida digressão, voltemos novamente para o titã que se encontrava no mar de nuvens sobre o planeta terrestre, ainda não totalmente concluído. Em ambas as mãos ele segurava várias lanças compridas, de cor amarela, em cujas pontas estavam fixadas bolas. Essas lanças eram constituídas de um metal ainda desconhecido na Terra. Elas também mudavam de cor a cada movimento de mão do titã, e tinha-se a impressão de que irradiavam calor.

"O titã, mediante uma ligação especial de irradiações, inerente a essa espécie de entes da natureza, desencadeia descargas elétricas e também a chuva, que durante muitos milênios impregnará o jovem planeta com a mais pura água. A chuva de início é quente, mas aos poucos esfria."

Enquanto a voz no meu íntimo dava esclarecimentos, descarregavam-se colossais raios com imensos trovões, envolvendo toda a esfera terrestre com um fogo ininterrupto.

Certa ocasião pareceu-me que dentro dos relâmpagos havia lanças com bolas nas pontas. Depois de pouco tempo, nada mais se via, devido à densidade com que a chuva caía.

Não conseguia imaginar direito como a chuva poderia cair durante milênios. E a resposta veio imediatamente: "Não se trata apenas de depressões marítimas, lagos, rios e nascentes que devem ficar cheios de água. A Terra inteira precisa ser totalmente impregnada com o líquido puro. Ela, pois, também deve receber plantações da maneira mais bela! Junto com a chuva descem as sementes que no solo macio logo encontram o necessário apoio. Com a distribuição das sementes dentro das nuvens de chuva, consegue-se algo formidável. Pois para cada continente ou região aquática descem apenas aquelas sementes que devem crescer e se desenvolver nessas regiões. No entanto, o germinar e o crescer ocorrerão somente quando a chuva parar e os quentes raios solares aquecerem a Terra por toda parte."

Devia ter passado muito tempo, quando meus acompanhantes, o espiritual e o enteal, bem como eu, novamente pudemos ver o planeta terrestre. Nada mais se via do denso invólucro de nuvens. Já há muito devia ter cessado a chuva. Também das estrondosas descargas elétricas nada mais se ouvia. Logo viria o anoitecer. Pois o Sol, que de início me parecia descomunalmente grande, baixava a oeste num maravilhoso jogo de cores.

O guia enteal indicou para um astro que me parecia não ser menor do que a Terra.

"É a Lua, que de agora em diante estará em ligação com a Terra."

Tão logo eu havia pensado de onde viera a Lua e como ela surgira, prontamente obtive a resposta.

"Esta Lua – e ainda outras da mesma espécie – eram outrora sóis. Elas alcançaram seu ponto final como sóis, começando a morrer pouco a pouco. Esse lento fenecer pode prolongar-se por milhões de anos. Há muitas coisas difíceis de serem esclarecidas aos seres humanos..."

Escurecia lentamente, mas havia no ar, por toda parte, uma enorme quantidade de grandes e pequenos entes da natureza. Parecia-me que eles ainda trabalhavam intensamente.

"Nós, do povo da natureza, não conhecemos escuridão nem noite! Por isso, meus semelhantes trabalham aplicadamente. Hoje, todos estão especialmente alegres. Pois em volta do globo terrestre vários titás estão trabalhando. São necessárias camadas triplas, a fim de que todas as criaturas possam viver no planeta.

Tomemos primeiro o invólucro de ar. Uma densa camada dele circunda o astro terrestre. Depois vem ainda a camada que retém o frio gélido do cosmo e o calor escaldante do Sol. A seguir, existe ainda uma camada de proteção necessária para deter uma força desconhecida proveniente do cosmo. Aliás, trata-se de uma força que em sua espécie é hostil à vida e que de modo destruidor atuaria sobre tudo o que vive e respira na Terra.

Por isso vieram os titás, já que só eles, com suas vibrações eletromagnéticas, podem proteger integralmente a Terra contra essa força desconhecida."

"Não estou tão seguro de que a irradiação total dessas ondas de irradiação do Universo, junto com a 'força mágica' dos titás, são o bastante para proteger os seres humanos dos efeitos retroativos de suas más ações!"

Dessa vez foi a voz do guia espiritual que eu ouvi, e a minha impressão foi de que ele, com a sua predição, teria razão.

Q<small>UANDO ME</small> foi permitido reunir-me novamente com meus acompanhantes, para vivenciar mais uma parte do desenvolvimento do meu astro-pátrio, vi que a Terra já estava coberta de verde em muitos lugares. Havia todo o tipo de florestas de samambaias, cujas folhas verdes e delicadas se moviam levemente ao vento. Nas lagunas cresciam muitas plantas baixas do brejo, as quais eu nunca havia visto.

"Tudo isso são plantas bulbosas, que mais tarde servirão de alimento para determinados grupos de animais", ouvi o esclarecimento do meu acompanhante enteal.

"Animais!"

Admirei-me de não ter pensado neles!

"Os animais só virão quando, para todas as espécies que pouco a pouco se desenvolverem, houver o necessário alimento. E ainda demorará até chegar a tal ponto. Ali, à esquerda, vês vastas áreas cobertas de pequenas árvores, que mal alcançam um metro de altura. São as futuras florestas, com maravilhosas e gigantescas árvores. E por toda parte na Terra já brotam também as inúmeras espécies de árvores frutíferas. Além disso, muitas plantas do tipo arbusto, que, provavelmente, produzirão frutinhas ou nozes; e ainda as frutas gigantes que se desenvolvem no chão, e cujos nomes permanecem desconhecidos, por servirem de alimento apenas a algumas das primeiras espécies de animais. Quando a época desses primeiros animais tiver passado, também muitas dessas plantas desaparecerão.

Durante algum tempo viverão animais gigantescos sobre a Terra, cujos ossos, ao findar sua existência, se depositarão nos diversos mares. E em muitos milhões de anos, esses ossos gigantescos estarão transformados em óleo, de grande utilidade para os seres humanos que então viverem sobre a Terra.

Na época que os seres humanos imaginam ser o início da Terra, já terão surgido as mais variadas espécies de animais, os quais também terão desaparecido, depois de algum tempo, da Terra."

Esse esclarecimento veio do acompanhante espiritual. Torna-se difícil para mim imaginar um espaço de tempo de quatro bilhões de anos. Eu sei que nosso acompanhante enteal acha essa cifra humana muito pequena ainda.

"Deve-se acrescentar aqui também", fez-se ouvir o nosso acompanhante enteal, "que as sementes dos animais também chegaram à terra ou aos mares através da chuva. Aliás, apenas em regiões previstas para isso. Não somente isso. As sementes dos animais vieram em invólucros especiais. E foram preparadas de tal forma, pelos entendidos em sementes, que muitas vezes uma espécie de animal só se desenvolvia após outra já ter terminado seu prazo de existência e desaparecido da Terra. Frequentemente vieram animais à Terra que concluíram seu ciclo de vida e voltaram para o seu paraíso animal, que se encontra entre a matéria fina e as três matérias grosseiras."

Admiro-me, sempre de novo, de compreender tão bem, aliás sem palavras, aquilo que meus dois acompanhantes me comunicam. Esta é a pura linguagem da intuição! Eu gostaria que entre os seres humanos também fosse assim. A linguagem deles torna-se cada vez mais barulhenta e mais feia...

"Encontramo-nos agora nas proximidades de uma região de montanhas; logo poderemos ver como surge uma montanha", disse nosso guia enteal. Ao mesmo tempo ele me perguntou se eu tinha ideia de como surge uma montanha tão alta.

Refleti um pouco. Depois respondi que eu e também outros pensaríamos que as montanhas cresciam em uma só peça, emergindo da terra... sozinhas.

"Sozinho nada surge", disse nosso sábio acompanhante enteal. "Por toda parte, os povos da natureza são os construtores e modeladores na Criação. Com as montanhas não é diferente!"

Em pouco tempo vimos diante de nós um vasto campo de trabalho. Antes de poder ver algo, nossos mantos foram trocados. Dessa vez eram cinza-claros, e os capuzes feitos de tal forma, que cobriam nossas testas. Sobre minha cabeça foi colocado ainda um véu tênue que, no entanto, não perturbava a visão.

Ao longe avistei uma quantidade de altos morros. "Desse material são formadas as pedras. Pode-se dizer que constituem um presente da rainha da Terra, 'Gaia'. Ela deixou que o material necessário para as montanhas fosse trazido até aqui por um grupo de entes do ar e do vento. Areia movediça, pois, vê-se frequentemente por ocasião de fortes ventanias. Contudo, esta primeira montanha, que surgirá no jovem planeta, não será muito alta. A base eles já colocaram."

Vi a alguma distância uma grande placa quadrada, que parecia penetrar fundo na terra.

Quando nos aproximamos mais do campo de trabalho, veio ao nosso encontro um grupo de trabalhadores da área de construção, os quais tinham aproximadamente um metro de altura. Pareciam alegrar-se com a nossa presença, pois riam e corriam à nossa volta. Apesar de sua pequena estatura, eram extraordinariamente fortes. Vestiam amplos macacões cinzentos, de um tecido semelhante ao couro. Nos pés usavam, sim, sapatos, mas esses não eram visíveis, já que uma placa de metal os cobria. O que ainda me saltou à vista, foram as estranhas ferramentas, que em parte estavam penduradas no pescoço e em parte no cinto que usavam.

Admirei-me de que nessa grande formação de montanha o barulho não fosse maior.

"Isso é devido ao fato de os blocos, de tamanhos diferentes, serem trabalhados em seu local de origem e depois carregados pelos gigantes até o lugar predeterminado."

Observamos durante algum tempo como os blocos eram colocados uns sobre os outros e justapostos entre si, aliás, de modo que em nenhum lugar se via uma fenda. Naturalmente também eram utilizadas pedras pontiagudas e lascadas para a construção. Em alguns blocos muito grandes, colocados bem alto, foram feitas escavações redondas, a fim de que mais tarde pássaros, que existiriam na Terra, sempre encontrassem água para beber e também para se banhar.

Enquanto olhávamos, aproximou-se um dos mestres de obras e disse ao nosso sábio acompanhante enteal que, segundo as indicações, ainda outras montanhas, algumas mais altas e outras mais baixas, deveriam ser anexadas àquela montanha, de modo a formar uma cordilheira. Simultaneamente, seriam deixadas algumas cavernas nessas montanhas em formação. Material não faltava. E lá, de onde ele vinha, ainda havia o suficiente.

"Essa é a primeira montanha que surge na Terra. Ela será também a primeira a desintegrar-se em seus componentes, se sua estrutura não for mantida por intermédio de cipós ou outras raízes. Naturalmente, ainda muitos milhões de anos se passarão até que chegue a tal ponto."

Olhando para os pedreiros e os gigantes, lembrei-me daquelas palavras que li na Mensagem do Graal:

"Os enteais são os construtores e administradores da casa de Deus, isto é, da Criação."

O acompanhante enteal certamente intuiu o que eu estava pensando, pois pegou minha mão e apertou-a.

DEPOIS DE passado algum tempo, chegamos novamente ao lugar onde a primeira montanha estava surgindo. Digo depois de algum tempo, mas podem ter passado milhares ou um milhão de anos nesse intervalo. Pois apenas partes da Terra em formação me foram mostradas em imagens. A mim parecia que eu observava o acontecimento real. Isso, porém, nem seria possível.

A montanha que vimos tinha a aparência de muito antiga. Até a metade, estava coberta de diversos arbustos, pequenas árvores, flores, frutinhas e muitos outros vegetais ainda. Apenas a parte superior parecia totalmente nua; musgos e trepadeiras desenvolviam-se na pedra. Unicamente de uma gruta saíam algumas árvores.

Quando havíamos observado a montanha suficientemente, o acompanhante enteal disse que mais tarde surgiriam montanhas gigantescas. Então não seria necessário buscar o material de muito longe. Ao deixarmos a montanha, vi, próximo de nós, vários centauros galopando. Seus lombos estavam carregados de minúsculos anões. Meus dois acompanhantes cumprimentaram os cavaleiros que, aparentemente, estavam com pressa.

Os centauros carregavam os homenzinhos das raízes. Eram transportados para uma nova plantação de pequenas árvores, que deveria transformar-se numa bela floresta. No entanto, existiam vários lugares onde faltavam sementes. Por isso, os guardiões das plantas dirigiram-se ao chefe dos homenzinhos das raízes para obter sementes. Havia pequenas e grandes grutas, especialmente trabalhadas pelos construtores das pedras, para guardar sementes. Os dirigentes que necessitavam de ajuda comunicavam-se entre si com uma pequena corneta.

Observar os homenzinhos das raízes não é fácil. Pois são tão pequenos, que apenas se enxerga um casaquinho que os envolve totalmente, cobrindo também os pezinhos. As mangas do casaquinho deixam a metade das mãozinhas livres, as quais mais se assemelham a raizinhas brancas do que a dedos. Uma espécie de capuz, amarrado embaixo do queixo, cobre as minúsculas cabecinhas. Seus rostinhos dão a impressão de ser inteiramente brancos. Essa descrição, provavelmente, não é muito exata, pois os centauros ao passar galopavam tão rapidamente, que me é impossível fazer uma descrição mais perfeita.

"Estes pequenos entes são extremamente importantes para tudo o que deve crescer e se desenvolver", ensinou-me nosso acompanhante enteal. "Algumas sementes não possuem suficiente força para brotar, devendo ser substituídas por outras. Além disso, os brotos novos devem ser umedecidos, quando a terra se torna demasiadamente seca. Para essa finalidade os homenzinhos das raízes carregam consigo pequenas bolsas impermeáveis para regar."

Devido aos cuidadosos tratos, as primeiras florestas que cresceram na jovem Terra eram de inimaginável beleza. Identicamente belas eram também as flores e as frutas, puras e sem nenhuma mácula.

Quando as arvorezinhas ficaram maiores, vieram os elfos das árvores e assumiram os cuidados. Os elfos das árvores usam geralmente uma vestimenta apertada, de um tecido cintilante, vermelho ou verde. Também as botinhas que calçam são sempre do mesmo tecido. Usam na cabeça, geralmente, uma pequena obra de arte, feita de folhas e flores. Seus rostinhos parecem-se com um lindo rosto de criancinha. Os olhos, aliás, são diferentes. São redondos, e refletem sempre as cores das flores e folhas das árvores onde justamente se encontram.

Também os enteais não são eternamente jovens. Embora a duração de sua vida seja muito mais longa do que a dos seres humanos, mesmo assim também para eles chega o dia de uma transformação. Quem for muito familiarizado com os enteais pode reconhecer a idade deles pelos olhos. E somente desse modo. Eles não têm barbas feias e brancas, como os seres humanos preferencialmente retratam as pequenas figuras dos anões. Barbas existem apenas nos seres humanos, bem como cabelos brancos. Os cílios dos elfos das árvores parecem constituir-se de delgadíssimas folhinhas.

Quero descrever agora um centauro que vi bem de perto, quando ele arrancava algumas frutinhas de um arbusto.

Centauros são criaturas metade cavalo e metade ser humano. Isto é, a parte superior de seu corpo apresenta um tórax igual ao humano. O corpo de cavalo é maior e mais largo; da mesma forma ocorre com seu corpo superior humano. O centauro que vi tinha longos cabelos, semelhantes a crina, de cor castanho-avermelhada, os quais cobriam o corpo do cavalo e caíam até o chão. Interessante era o dispositivo existente nas quatro patas. Eram asas em forma de rodas, de cerca de meio metro de largura, cobertas de penas, na parte superior. O que se encontrava na parte inferior, eu não pude ver. Seu dorso e seu peito eram cobertos de cabelos crespos e curtos. O rosto era redondo e completamente liso, de cor moreno-avermelhada. A cabeça era densamente coberta de folhas. Em volta de seu pescoço pendiam várias trepadeiras floridas. Suas mãos eram largas, parecendo ser muito fortes. Mas seus dedos eram grossos e muito mais curtos do que os dedos humanos, sendo todos de igual comprimento. Além disso, todos eram enfeitados com anéis de pequenas frutinhas vermelhas. O que mais sobressaía eram seus olhos. Grandes e inteiramente pretos, com apenas um pequeno ponto vermelho-incandescente no centro. Eu só pude ver os olhos, porque ele se havia virado, partindo celeremente com suas asas-roda giratórias.

Quando, por exemplo, um astro terrestre está sendo construído, os centauros são de grande valia. Eles têm de transportar os anões para os diversos lugares em que o trabalho deles é insubstituível. Isto é, por toda parte onde nas profundezas da terra jazem muitos minérios, alguns ainda em estado semilíquido, seja ferro, diamantes ou qualquer outro minério. Os anões sempre estão relacionados a isso. Sobre o trabalho das diversas espécies de anões podiam ser escritos livros, aliás, muito interessantes, contudo neste escrito isto não é possível. Mas os centauros ainda têm de executar outros trabalhos. Já aconteceu até de terem de carregar pedras especiais de um lugar ao outro. Contudo, sempre fazem todos os trabalhos com grata alegria. Preguiça, mau humor, ou outros maus costumes, usuais entre os seres humanos, nunca houve entre os povos da natureza.

O<small>BSERVAMOS</small> o trabalho dos mestres pedreiros ainda de outro lugar. Admirei-me da velocidade com que levantaram uma montanha. Agora eu bem podia imaginar como todas as outras montanhas gigantescas tinham surgido. Com uma cooperação tão rápida e exata, entre os diferentes mestres pedreiros e os gigantes, era evidente que todos os componentes necessários, pertencentes ao planeta Terra, fossem preparados em tempo recorde.

Nas proximidades de onde agora nos encontrávamos corria um riacho, e do outro lado dele via-se um grande prado, onde cresciam capins de um metro de altura parecidos com cereais, e também flores de todas as cores e da mesma altura. No meio viam-se figurinhas um pouco mais altas, caminhando de um lado para o outro. Uma dessas figurinhas saiu do prado, e ficou parada à beira do riacho. Parecia-me ser seu desejo que eu a visse bem. Assemelhava-se a uma mocinha encantadora, bem-proporcionada, de mais ou menos dez anos de idade. Ao mesmo tempo, tornou-se logo bem claro para mim que não se tratava de uma figura humana.

Ela vestia uma longa capinha vermelha, e sobre seus cabelos castanho-dourados assentava-se um chapeuzinho verde. O rostinho dela também era castanho-dourado. Seus olhos, como eu pude ver, eram verde-claros e violeta. Eram redondos e circundados por cílios constituídos de delicadas pétalas de flor. As cores usadas pelos povos da natureza têm apenas uma certa semelhança com as utilizadas pelos seres humanos. Também o material de seus tecidos é diferente. Cintilam e brilham, sendo traspassados frequentemente por fios mais grosseiros.

A mocinha correu várias vezes de um lado para o outro, na beira do riacho; depois, pulou na água e molhou algumas flores que cresciam na margem. Em seguida, desapareceu na pradaria. Mal tinha ido embora, e chegou um menino, um pouco mais alto do que ela, permanecendo parado do mesmo modo, para que eu também o pudesse ver. Era muito esbelto e vestia um jaquetão verde que alcançava até os joelhos. O jaquetão estava fechado, contudo não vi botões.

O rosto do menino também era castanho-dourado; seus cabelos, porém, que caíam em cachos sobre a gola do jaquetão, eram um pouco mais escuros. Também ele usava um chapeuzinho verde, porém com uma aba mais larga, enfeitada com uma coroa de flores semelhantes a grandes e coloridas borboletas.

Na sua mão esquerda carregava um pequeno bastão de cerca de um metro de comprimento, constituído de vários metais. Era muito delgado, terminando numa ponta de metal branco.

A mocinha voltou do prado florido, a fim de me mostrar seus dois largos aros de metal quase branco, colocados logo acima dos calcanhares. Após estar certa de que eu os havia visto, novamente desapareceu saltitando entre as flores. O menino seguiu-a.

Logo depois escutei a voz no meu íntimo:

"Essas duas pequenas criaturas te pareceram crianças já crescidas. Contudo, elas são muito, muito mais velhas. Com referência à idade, os enteais jamais podem ser comparados aos seres humanos.

Os seres humanos envelhecem de modo relativamente rápido, ao passo que os enteais conservam seu aspecto juvenil e alegre durante longo tempo, uma vez que a idade deles somente pode ser constatada em seus olhos, e isso unicamente por um iniciado.

Os dois encantadores entes da natureza podem ser vistos em volta de todo o planeta Terra. Eles têm, falando à moda humana, uma incumbência extremamente importante, pelo menos durante os primeiros dois bilhões de anos... São providos de uma força especial, que favorece o crescimento. Agora, no início, não poderia ocorrer uma paralisação. Essa força, que favorece todo o processo de crescimento num determinado planeta, provém de uma central que se encontra em Valhala!

Valhala! Pode-se denominar esse maravilhoso reino também de ilha. Lá se encontram todos os guias, mestres e terapeutas. Além disso, todos os cientistas e ainda muitas outras personalidades que eu nem consigo citar. De qualquer forma, cada um tem a sua tarefa e está disposto a ajudar onde puder. Os habitantes de Valhala são responsáveis pelas miríades de corpos celestes que seguem suas órbitas nas sete partes do Universo: Smirna, Filadélfia, Tiátira, Laodicéa, Sardes, Pérgamo e Éfeso, sendo esta última a parte do Universo onde nos encontramos!"

Gravei bem o que o nosso sábio guia enteal nos transmitiu. Por fim, lembrei-me de quando pensava que tudo crescia por si mesmo. E já recebi a resposta.

"Nem um único talo de planta cresce sozinho, sem que a força da natureza lhe dê o impulso para isso! Devo corrigir algo ainda", ouvi a voz do nosso acompanhante enteal. "Utilizei para Valhala, excepcionalmente, a expressão 'ilha'. Na realidade é um enorme reino, com muitas divisões, já que todos os grandes guias enteais têm lá a sua morada. Valhala estende-se sobre as sete partes do Universo da Criação posterior. As sete partes do Universo foram dispostas de tal modo, que formam, abaixo de Valhala, um gigantesco astro de sete pontas, com seus incontáveis bilhões de estrelas.

O grande reino de Valhala está bem protegido. Não é fácil chegar até lá. Altas montanhas, lagos e degraus de mármore que atingem tão grande altura, como se fossem uma montanha. Existem lá, inclusive, pontes levadiças sobre alguns riachos. A superfície das pedras de mármore é coberta inteiramente de pedras preciosas e placas de ouro. Sobre toda essa beleza corre ininterruptamente água cristalina. O brilho, quando o Sol ali estende seus raios, é indescritível. E por toda parte existe uma maravilha de flores. A rainha Gaia recebe as sementes dessas flores e manda semeá-las em novos astros."

Quero intercalar aqui, ainda, que pedras semipreciosas somente existem na concepção humana. Cada pedra preciosa é produzida com igual cuidado.

Pensando à maneira humana, julguei que meu acompanhante enteal estivesse triste, sentindo falta de Valhala, ao qual ele, pois, também estava estreitamente ligado. Mas logo percebi que não. Intuí nitidamente que tristeza e nostalgia são conceitos estranhos para os entes da natureza. Sou um ser humano e, evidentemente, estava pensando segundo o modo humano.

O sábio guia enteal sorriu. Percebi exatamente. Como fiquei feliz com isso, nem posso descrever.

"Quando nós nos revirmos será algo muito agradável. Como sempre, teremos uma longa separação!"

"Talvez seja uma separação de um milhão de anos", intercalei. "Pouco importa quanto tempo leve. O principal é que nós nos reveremos!"

"Durante o tempo em que nos conhecemos – vimo-nos apenas poucas vezes – já se passaram milhões, ou melhor dito, bilhões de anos. Durante esse tempo a Terra, já não mais tão jovem, passou por quatro eras glaciais. Isso, naturalmente, não aconteceu simultaneamente no planeta inteiro. Durante a primeira era glacial foram extintas plantas com raízes de vários metros de comprimento, plantas essas que tinham proliferado tanto, sobrepujando e asfixiando árvores novas. Essas plantas perturbavam de tal forma a ordem na natureza, que fomos obrigados a extingui-las radicalmente."

"Como é que as plantas puderam, aliás, se alastrar dessa forma?" perguntei mui atrevidamente.

De início não ouvi nenhuma resposta, com o que muito me admirei.

"Tu mesma conheces a resposta!" escutei a voz do guia espiritual. "Porém, não desperdices agora nenhum pensamento com isso. A Terra tem uma missão a cumprir. Por essa razão deve ser conservada a flora prevista, e tudo o que tiver efeito nocivo será eliminado sem hesitação."

Essas palavras, que assimilei com a minha intuição, foram ditas pelo guia espiritual. E foi muito estranho. Eu havia esquecido as plantas nocivas num lapso de tempo curtíssimo, o que nem corresponde ao meu modo de ser.

"Na próxima vez em que nos virmos, saberás também por que teve de ocorrer a segunda era glacial."

Chegara o tempo em que os animais gigantes puderam deixar suas cápsulas de sementes, crescendo e desenvolvendo-se vigorosamente. Já conhecíamos muitos desses animais, uma vez que existem outros astros onde diversas espécies de animais estavam se desenvolvendo, espécies essas que aqui em nossa Terra também se desenvolviam. Eram animais descomunalmente grandes e belos.

Eu sei que em alguns museus existem esqueletos de animais, chamados sáurios, considerados os maiores animais da Terra. Mas isso é um erro, visto que houve animais muito maiores ainda, cujos esqueletos não mais existem. Os mamutes encontrados talvez constituam uma exceção.

Antes que os sáurios gigantes se tornassem adultos, outros animais saíam de suas cápsulas de sementes e desenvolviam-se nos pântanos. Eram muito pesados e desajeitados, tinham pernas curtas, não sendo maiores do que porcos selvagens. Contudo, eram de uma feiura inimaginável. Já o fato de terem três olhos e uma espécie de capa de espinhos na parte posterior da cabeça tornava-os repugnantes. Viviam exclusivamente em regiões pantanosas, soltando às vezes sons horripilantes. Por sorte esses animais feios se extinguiram espontaneamente pouco a pouco. Fato esse que alegrou todo o povo da natureza que cuidava da Terra."

Chegara a hora da separação, ouvi no meu íntimo. Antes que eu pudesse ficar triste, já me encontrava em minha cama, em profundo sono, sem saber mais nada dos meus acompanhantes.

ENTÃO CHEGOU novamente um dia feliz, quando nós três nos reunimos.

Era provável que houvesse passado novamente um longo período desde a nossa última reunião.

Nessa ocasião nos encontrávamos numa elevação arenosa, vendo diante de nós um vasto e revolto mar. Vi muitos cavalos, brancos e grandes, e belíssimas ondinas. Algumas estavam montadas nos cavalos, e outras brincavam e cantavam na água. Seu canto era tão melodioso como nunca ouvi algo similar na Terra. Seus corpos eram belos e bem-proporcionados. Vários cordões de pérolas envolviam suas cinturas. Na cabeça usavam coroas de delgadas conchas coloridas, que se pareciam com flores exóticas. Também os cabelos eram belos e diferentes, longos, e tão reluzentes como escamas de peixe, contudo não tão finos como os cabelos humanos. Em volta do pescoço usavam colares de pequeníssimas flores de corais vermelhos. Seus corpos terminavam numa cauda de peixe, cuja ponta se encontrava enrolada parcialmente. As ondinas estavam nuas e também não possuíam órgãos de reprodução.

"Aqui nas proximidades se encontra um cavalo-marinho, o qual facilmente poderás descrever", ouvi o acompanhante enteal dizer.

De fato, um cavalo-marinho chegou nadando, bem perto da praia, de modo que pude contemplá-lo perfeitamente.

Era branco-prateado, do tamanho dos nossos cavalos, contudo muito mais delgado. Em ambos os lados possuía duas grandes barbatanas, bem abertas, que se pareciam com asas, e com as quais podia locomover-se celeremente através das ondas. Sua cabeça assemelhava-se, sim, com a de um cavalo, sendo, no entanto, bem diferente. As orelhas pareciam consistir apenas em pequenos orifícios, pois em volta do ponto onde deveria haver orelhas havia um círculo de pequenas conchas coloridas e escamas de peixes.

Os olhos do cavalo-marinho eram bem grandes e oblíquos, cintilando em diversas cores. As pálpebras eram estreitas, de modo que os olhos ficavam um pouco salientes. A crina, de meio metro, enfeitada por conchas e pérolas, começava no meio da cabeça e brilhava como prata polida. Dava a impressão de que era feita inteiramente de cintilantes escamas de peixe. O cavalo-marinho possuía duas pernas bem curtas na frente, que em ambos os lados apresentavam também pequenas barbatanas. O singularmente belo animal balançava-se justamente numa onda espumante, razão por que pude ver bem a sua parte dianteira, enquanto a parte traseira de seu corpo, a qual terminava num comprido rabo de peixe, só se via raras vezes.

"Por que razão o mar se encontra tão agitado? Não vejo em nenhuma parte os entes dos ventos que pudessem agitá-lo tanto."

Percebi que o sábio – chamarei doravante o acompanhante enteal sempre de "o sábio" – riu, quando lhe dirigi minha pergunta.

"Nada te escapa. Mas tens razão. O mar já está há bastante tempo extraordinariamente agitado. Isso decorre da atividade dos entendidos das águas e de seus entes. Eles examinam a água do mar, misturando-a de tal forma, que sua composição fique absolutamente certa. Perceberás que a água do mar é diferente da água dos rios, riachos e demais nascentes. É salgada. Isso provém da mistura necessária para esse tipo de água, a fim de que os animais, destinados aos mares, neles possam viver."

Agradeci pelo esclarecimento e compreendi que o atuar dos povos da natureza é da maior exatidão e perfeição.

Nesse ínterim, continuamos caminhando vagarosamente pela margem mais elevada, e então vi as inúmeras aves aquáticas, grandes e pequenas, que nas mais variadas formas e cores transformavam a água num quadro colorido e vivo. Minha alegria com essa inesperada beleza não teve limites.

"Os pássaros, que agora nos proporcionam tanta alegria, não eram bonitos em seu estágio inicial, isto é, quando se libertaram de suas cápsulas de sementes há tempos inimagináveis", disse o sábio, continuando. "Trepavam em troncos de árvores, tanto nos grossos quanto nos finos, indo de um lado para o outro, parecendo-se mais com lagartos. Levou ainda um bom tempo até que lhes crescessem as asas, tornando-os semelhantes aos pássaros que hoje conhecemos.

Com relação aos insetos, pertencentes às espécies voadoras, aconteceu a mesma coisa. Eram disformes, rastejando como os besouros da terra. Tinham, sim, tocos de asas, mas levou ainda muito tempo até que obtivessem asas de fato. Até aprenderem a voar transcorreu, por sua vez, um longo período."

"Agora vamo-nos dedicar, como prometi, à segunda era glacial. Essa época se localiza bem distante, nos tempos primitivos. Os cientistas terrenos, apesar de suas profundas investigações, jamais encontrarão algo que corresponda à verdade. Com sua concepção em relação à natureza e seus entes, isso não é possível. Esse extraordinariamente importante acontecimento começou há cerca de dois bilhões de anos; portanto, ainda na época primitiva", ensinou-me nosso sábio.

Logo depois, ouvi a voz de nosso acompanhante espiritual.

"O que naquela época aconteceu pode ser retransmitido apenas parcialmente, visto que os muitos processos cósmicos, que se fizeram necessários, jamais poderão ser compreendidos pela humanidade de hoje, com seus espíritos na maior parte já mortos."

Durante algum tempo houve silêncio, então o sábio começou novamente:

"Faz muito, muito tempo, sim, bilhões de anos, que os primeiros animais primitivos viveram na Terra. Eram animais indescritivelmente grandes e imponentes. Alguns talvez tivessem semelhança com os sáurios, cujos esqueletos estão depositados ainda em alguns locais da Terra. Na época dos animais primitivos, existiam também muitos dragões, de tamanho indescritível. Estes tinham apenas pouca semelhança com os dragões que se extinguiram no reino da Atlântida.

Certo dia, os guardiões dos animais enviaram uma notícia ao poderoso protetor dos animais, 'Ieloas', descendente de um dos filhos de Wotan e protetor de todos os animais que viviam nos astros do reino de Éfeso.

Ieloas tinha inúmeros ajudantes que o informavam a respeito de todos os astros onde existissem animais. Os guardiões dos animais do astro terrestre avisaram Ieloas que os animais gigantescos da Terra se multiplicavam de tal maneira, que as regiões a eles destinadas não eram mais suficientes.

Ieloas sabia que os guardiões dos animais tinham razão e já havia tomado as medidas necessárias.

Começou uma época como não se conhecia na Terra, a principiar pelas colossais tempestades e erupções vulcânicas. Uma lua caiu sobre a Terra, formando uma comprida e profunda fenda num continente que se manteve desconhecido. Nós, naturalmente, conhecíamos o continente. Essa perigosa fenda, ou melhor dito, abismo, encontra-se hoje sob as águas do mar.

O globo terrestre, que tu hoje conheces, é constituído apenas de fragmentos dos grandes continentes primitivos. Além disso, a Terra naquela época era circundada por várias luas. Isso, naturalmente, se modificou no decorrer do tempo. Por fim, só permaneceu aquela Lua que tu e os habitantes da Terra conhecem.

Os animais primitivos tornaram-se irrequietos, comendo pouco, e seus guardiões achavam que os guias dos animais já lhes haviam dado a entender que suas vidas se alterariam.

Os grandes guardiões responsáveis por alguns sistemas planetários maiores, naquela época ligados à Terra, exerceram suas influências sobre ela. Pode-se dizer também que ajudaram a Terra, para que acontecesse tudo o que era necessário nessa determinada época.

De repente, as temperaturas passaram a cair. Aliás, em várias regiões da Terra. Até no país quente, hoje denominado Índia", disse, sorrindo, nosso sábio. "Em determinadas regiões da Terra formaram-se crostas de gelo em muitos lugares. Os inúmeros animais gigantescos, que deviam desaparecer, tiveram uma morte sem dor. Adormeceram e não mais acordaram. Morreram congelados durante o sono.

A Terra, naquela época, tremia constantemente, pois grandes transformações estavam prestes a acontecer. Incontáveis entes, grandes e pequenos, bem como muitos gigantes, encontravam-se em grande atividade em todo o planeta. O que eles outrora haviam construído necessitava agora de uma transformação, aliás, em todo o globo terrestre. Os povos da natureza, que haviam construído a Terra, tiveram muito trabalho com os preparativos para que as transformações e demais modificações pudessem processar-se de acordo com o determinado."

Encontrávamo-nos diante de um penhasco, quando o sábio chamou a atenção para a beleza de uma floresta que se situava a certa distância, e cujos galhos das árvores tinham vergado sob o ímpeto de uma forte tempestade.

Enquanto eu olhava para lá, a terra começou a tremer fortemente, de modo que perto de nós algumas árvores isoladas tombaram. E depois não confiei em meus olhos: a maravilhosa floresta para a qual o sábio, há poucos minutos, havia chamado minha atenção, afundou, ficando coberta por águas borbulhantes.

"Seria bom nos afastarmos agora, pois o local será coberto por um grande mar. Nesta região, que agora afunda, encontram-se também os corpos mortos dos animais primitivos. Também eles vão-se decompor lentamente no fundo desse novo mar."

"Por que teve de submergir a maravilhosa floresta, com a qual os homenzinhos das raízes tiveram tanto trabalho?" perguntei, sem compreender.

"Não é só a floresta que desapareceu com os troncos grossos e as copas largas. Enquanto aqui uma grande extensão de terra submerge, em lugares muito distantes emerge terra nova, juntamente com uma grande cordilheira que os mestres pedreiros construíram há muitos milhões de anos. A colossal cordilheira está tão formidavelmente construída, que nenhuma pedra se desprenderá da outra.

Agora, com relação à tua pergunta, a Terra tem de cumprir uma determinada finalidade. Estão sendo aguardados espíritos humanos, que deverão adquirir aqui um maior desenvolvimento. A Terra deve estar preparada para esse grande evento, a ponto de os 'hóspedes' vindouros encontrarem, no meio de uma desconhecida, porém bela, natureza, todos os componentes que lhes facilitem a vida. Além disso, terão a seu lado auxiliadores enteais extraordinários. Para essa finalidade serão preparadas regiões em sete lugares diferentes, quando o tempo para isso tiver chegado. Embora até lá ainda transcorram milhões de anos, serão necessárias muitas transformações na Terra, a fim de que os lugares previstos para os espíritos estejam prontos na época determinada.

Nas proximidades do mar, onde estão os cavalos-marinhos e as ondinas, existem ainda enormes pântanos, onde vivem répteis cujo tempo agora também terminou."

"Já se passaram milhões de anos, depois que vimos esse maravilhoso mar", disse nosso guia espiritual.

"Justamente aí ocorrerá uma grande transformação", explicou nosso sábio. "Os répteis, que vivem nos pântanos, têm um aspecto horripilante. Todos os animais primitivos, até hoje desaparecidos, não tinham um aspecto bonito, não obstante sua existência ter sido de grande utilidade. Os répteis têm um comprimento de vários metros, apresentando até a metade de seu corpo um aspecto de cobra com chifres, e na outra metade, de crocodilo."

"Como animais tão feios podem ser úteis?" perguntei com a minha ignorância.

"No terremoto que se espera, eles desaparecerão nos abismos que se abrirão. Seus corpos mortos enriquecerão o solo com materiais necessários. Além disso, de qualquer forma seu tempo findou."

"Vejo que durante o longo período que se passou, desde o nascimento da Terra, ainda existem aqui florestas de samambaias. E, realmente, de incrível altura e espessura", ouvi nosso acompanhante espiritual dizer.

"A finalidade dessas florestas de samambaias é facilmente explicável", respondeu o sábio. "Elas são altas, pois aqui é uma região destinada aos vindouros jovens espíritos humanos. As samambaias somente sairão, quando esta região receber as plantações de muitas e variadas árvores, arbustos, ervas, flores e até cereais. Também córregos serão trazidos para cá. Além disso, deve ser providenciada água potável, que borbulhará de uma rocha. Dessa maneira, nenhum dos animais maiores, que agora novamente podem viver na Terra, têm possibilidade de preparar seus lugares de repouso entre as samambaias muito juntas.

Aliás, todos os lugares destinados aos seres humanos são extraordinariamente bem protegidos. Eu conheço três deles, onde se encontram lagos.

Os homens da terra escavaram as necessárias depressões, e os homens das águas – nós os chamamos 'noks' – conduziram a água para lá, até surgirem verdadeiros lagos."

"Um lugar ainda, igualmente destinado aos vindouros seres humanos, está faltando", disse eu precipitadamente.

"Tens razão!" respondeu o sábio. "Trata-se de uma região grande, onde não crescem árvores nem arbustos. Lá apenas se desenvolvem tubérculos e outras plantas baixas. Não obstante, essa região estará bem preparada quando os primeiros espíritos humanos se encarnarem na Terra."

Antes que eu pudesse perguntar, o sábio continuou a falar.

"Alojaram-se lá animais que têm o tamanho aproximado dos coelhos conhecidos de vós", dirigiu-se ele a mim. "Esses animais não causam danos. Pelo contrário. Eles cavoucam constantemente a terra. Depois vão mais fundo. E quando concluem sua tarefa num local, recomeçam em outro. Quando chegar o tempo de aprontar a terra, os trabalhadores encontrarão um solo bem preparado."

"E o que acontecerá com os muitos animais que um dia terão de sair?" perguntei.

"Com isso não precisamos nos preocupar", escutei a voz do sábio. "Os guardiões dos animais, que conseguem comunicar-se com eles, irão conduzi-los para diversos lugares."

"E<small>U GOSTARIA</small> de ver um homem da água!" falei em pensamento. Percebi que o sábio sorriu, mas não recebi nenhuma resposta.

No mesmo dia, entretanto, chegamos a um lago, e o sábio retirou uma minúscula flauta de um dos bolsos de sua manga. Depois de um som curto desse pequeníssimo instrumento, formaram-se ondas no lago, e emergiu da água uma criatura adaptada a seu elemento, de beleza singular. Chamou-me a atenção que de todos os entes, que constroem e conservam a natureza, emana um brilho que não vi em parte alguma no mundo dos seres humanos.

O homem da água movimentava-se a alguma distância de nós, e primeiro vi que seu corpo estava coberto de grandes escamas, parecidas com as dos peixes, de cor verde-prateada. A pele do seu rosto tinha um vislumbre azulado. Então vi também seus olhos. Pareciam-me estar fechados. Eram olhos grandes e "risonhos", de cor verde--clara. Não posso descrevê-los de outro modo. Um aro múltiplo, com cintilantes diamantes verdes, cobria a testa curta, até a metade, e em parte também a cabeça. O povo da natureza possuía determinados diamantes verdes; somente eles irradiam esse brilho extraordinário. Nas costas o homem da água tinha várias grandes barbatanas, que atuavam quase como asas. Seus dedos também tinham barbatanas curtas. E uma vez que a água era tão límpida, que se podia enxergar o fundo, foi-me possível ver também a parte inferior de seu corpo. Esta parecia-se com um alongado corpo de peixe, também coberto de grandes escamas verde-prateadas. Somente a extremidade era, apesar do formato de peixe, diferente. Dividia-se em três partes, em três largas barbatanas. Além disso, três diamantes estavam fixados nas largas barbatanas. Naturalmente, da mesma cor verde.

"Tu não viste um homem da água comum. Pelo contrário, trata-se de um dos grandes dirigentes, que conhece e examina a água. Seu nome é 'Ikun'. Só posso mencionar poucos nomes, pois vós somente poderíeis pronunciar corretamente nossos nomes se vivêsseis em nosso reino de outra matéria. Ikun seria em vosso mundo humano uma espécie de rei. Contudo, no mundo da natureza, os dirigentes são ininterruptamente ativos."

"O que não se pode dizer dos atuais reis da humanidade", intercalou o guia espiritual.

Ikun, o homem da água real, nadou até a margem, entregando-me uma flor que trouxera do fundo do lago. Ela era grande, fora do comum e maravilhosamente bela. Aceitei-a agradecida, e lamentei não ter nada comigo que lhe pudesse oferecer em retribuição.

Enquanto eu contemplava a maravilhosa flor, mostrando-a aos meus dois acompanhantes, o homem da água desapareceu nas águas.

De uma coisa, subitamente, me conscientizei: de que cada modificação da Terra, seja na água ou no solo, até mesmo tudo o que foi plantado e depois desapareceu em virtude de uma transformação terrestre, inclusive os animais, que não podiam sempre ser os mesmos, e muitas outras coisas mais, das quais agora não me recordo, consistia apenas em preparativos para a vinda dos espíritos humanos a este planeta. Admirei-me de já não ter chegado antes a tal conclusão.

Senti, intuitivamente, que meus dois acompanhantes ficaram contentes com o que eu havia intuído, alegrando-se com isso, pois era exatamente assim. Os povos da natureza haviam construído tudo conforme lhes fora mostrado num modelo.

"Aliás, eram vários modelos", corrigiu-me o sábio.

Antes de deixarmos o lago, vieram alguns noks. Não brilhavam tanto como seu dirigente. As escamas nos seus corpos eram menores, e o mesmo também acontecia com as barbatanas em suas costas. A extremidade de seus corpos não era dividida, pelo contrário, assemelhava-se à de um grande peixe, com várias barbatanas em cada lado. Uma coisa, porém, os noks tinham em comum com seu dirigente: eles possuíam os mesmos olhos risonhos. Viviam por toda parte onde houvesse água.

Eram sempre muito cuidadosos e vigiavam para que em nenhuma parte a água fosse conspurcada. Naquele tempo havia sapos enormes, hoje já extintos. Esses sapos gostavam de reproduzir-se nos belos e límpidos lagos. Eles não eram hóspedes benquistos em nenhuma água límpida, visto que o líquido de seus corpos sujava tudo. Além disso, havia também plantas que continham até um componente venenoso. Os sapos e as plantas venenosas davam muito trabalho aos noks.

Era necessário levar os sapos para os pântanos, nos locais a eles destinados. Nos pântanos havia mais do que o necessário para sua alimentação. As plantas venenosas davam mais trabalho do que os sapos, já que suas raízes compridas se fixavam rapidamente no solo úmido, produzindo em curtíssimo tempo novos brotos. As águas tinham de ser mantidas limpas. Apenas nos pântanos, existentes por toda parte, muitos dos animais pequenos – e naquela época havia um número incontável deles – encontravam as melhores condições de vida.

"Num planeta novo – onde juntamente com a chuva caíam sementes de todas as espécies e também cápsulas de sementes, nas quais os óvulos de animais se encontravam bem protegidos nas regiões a eles destinadas, até que chegasse a época em que pudessem libertar-se de seus invólucros – chegavam também frequentemente plantas venenosas ou pequenos insetos que picavam. Estes, naturalmente, tinham de ser extintos.

Essa extinção só foi necessária para aquela época. Pois nada deveria assustar os jovens espíritos humanos que, pouco a pouco, iriam encarnar-se. Mais tarde, quando muitos seres humanos vivessem na Terra, eles certamente já teriam adquirido, com seus espíritos bem prudentes, todos os conhecimentos de que necessitassem.

Os povos da natureza construíram o astro Terra com o máximo de cuidado e dedicação. Pois sabiam que deveria ser a pátria dos vindouros espíritos humanos. Seus cuidados dirigiam-se principalmente aos primeiros espíritos humanos."

Tive a impressão de que o sábio ainda queria dizer algo. Contudo, deixou de fazê-lo, já que um auxiliar acabara de lhe transmitir uma notícia.

"Conhecerás agora as salamandras, aliás em seus movimentos fogosos. Meu ajudante acabou de dizer-me que, não longe daqui, um bando de salamandras está prestes a acender o fogo num amontoado de folhas e galhos, de metros de altura, onde insetos venenosos se alojaram."

"Salamandras?"

Eu não podia imaginar como elas acendiam o fogo.

"Basta um hálito de sua boca, e já se acendem as folhas", explicou-me o sábio.

O lugar onde as salamandras estavam em atividade era bem distante. Não obstante, logo estávamos lá, vendo nas chamas figuras altas e muito delgadas, destruindo com compridas e finas varas metálicas o amontoado cheio de grandes insetos pretos.

"Olha bem as salamandras, pois não são vistas frequentemente", escutei o conselho do sábio.

Algumas delas tinham aproximadamente dois metros de altura, outras eram menores e mais delgadas ainda. Da cabeça até os joelhos estavam cobertas por roupas de cores parecidas às das chamas, nas quais pulavam freneticamente.

Percebi, então, que vestiam botinhas até os joelhos. Conforme as cores das chamas, alterava-se a cor de seus rostos. Com o que eu havia visto até o momento, pude constatar que os enteais possuíam como característica uma beleza singular. Assim também com relação às salamandras, embora fosse difícil observar com exatidão algo nessa espécie de entes. O sábio deve ter intuído que eu gostaria de ver os olhos de uma salamandra, pois de repente uma delas ficou parada bem perto de mim, olhando-me.

Os olhos dela eram pontinhos fulgurantes que me fitavam, rindo, através de uma delgada pálpebra semelhante ao vidro. Mal eu havia visto seus estranhos olhos, e ela já tinha desaparecido.

"As pálpebras das salamandras não são de vidro. Tampouco a pele da cabeça, que também se assemelha ao vidro. É uma matéria viscosa e impenetrável, que não existe no mundo humano."

Meu guia espiritual mostrou-me o inseto que deveria ser eliminado. Possuía seis asas e era do tamanho de um grande besouro. O grosso e comprido chifre na cabeça, cheio de uma massa venenosa, tinha um aspecto maléfico.

"As salamandras têm ordem para não deixar vivo nenhum desses portadores de veneno. Esses animais, felizmente, só existem em poucas regiões. Por mais esquisito que possa parecer, também essas criaturas portadoras de veneno tiveram uma tarefa a cumprir. Estás surpresa, não é verdade?"

Eu concordei, aguardando a explicação.

"Já faz muito tempo, quando todas as sementes, das quais podiam se desenvolver plantas, haviam brotado. Mas para as cápsulas de sementes, nas quais as células de animais – em outras palavras: óvulos de animais – se encontravam, épocas determinadas haviam sido estabelecidas em que, então, elas poderiam eclodir. Essas épocas tiveram de ser mantidas rigorosamente. Os óvulos de animais eram compostos de tal forma, que não faria nenhuma diferença se ficassem encapsulados durante um ano ou milhões de anos. O conteúdo jamais se alteraria. Não ficariam estéreis nem apodreceriam.

Ao contrário das sementes de plantas, as sementes de animais precisavam de ajuda para se libertarem de seus invólucros. Aliás, para essa tarefa eram destinados anões de meio metro de altura, que trajavam jaquetinhas vermelhas. Existem entes masculinos e femininos, não sendo os masculinos maiores do que os femininos. Todos os masculinos tinham gorros azuis, enquanto os femininos usavam em suas cabeças chapeuzinhos bem fixados. Ambas as espécies possuíam pequenas flautas de madeira penduradas no pescoço. As pequenas 'parteiras' femininas são chamadas 'ullas'. As sementes dos animais necessitavam de ajuda, pois estavam enroladas em fibras muito finas. As ullas sabiam também quais as regiões onde deviam atuar e o momento exato em que as cápsulas de sementes estariam prestes a eclodir. Se não fosse observada a época exata, as ullas só encontrariam cápsulas com óvulos mortos.

Dessa vez se tratava do nascimento de pequenos ovos de pássaros, tão minúsculos e, além disso, ainda ficavam até o fim enrolados em fibras. Aliás, esse processo era o mesmo com relação a todos os animais. A diferença estava apenas no tamanho. Pois um sáurio primitivo necessitava de um invólucro de semente muito maior do que um passarinho.

Os primitivos sáurios e os sáurios um pouco menores que ainda estão para vir são tratados pelos pequenos anões, nas respectivas épocas de nascimento. Os anões masculinos são denominados 'inos'. As ullas e os inos trabalham somente nos astros novos e também apenas durante um determinado tempo.

A organização nos reinos da natureza é infalível. Os enteais, dos quais até agora se falou, permanecerão até o nascimento dos jovens espíritos humanos. Tão logo tudo estiver preparado nesse sentido, eles se retirarão da matéria grosseira. Então virão outros entes da natureza, que serão identicamente confiáveis e corretos como aqueles que atuaram no início. Para ser bem exato, deve ser dito que somente os peritos em mineração, juntamente com seus trabalhadores, ainda ficarão. Pois ainda faltam algumas colossais cadeias de montanhas, que igualmente devem estar prontas na época determinada..."

Minha tristeza não teve limites, quando ouvi meu guia espiritual dizer:

"O que aconteceria se os entes da natureza, que desde o nascimento da Terra criaram uma tão maravilhosa natureza, vissem a sua obra agora? Quero dizer, o que intuiriam essas incansáveis criaturas, pequenas e grandes, se pudessem ver a Terra agora? As tantas destruições desnecessárias! As águas poluídas, as quais são sagradas para cada ente da natureza..."

Quando comecei a chorar, meu guia calou-se, segurando por um longo tempo minha mão.

Digo sempre meu guia, embora não saiba se isso está certo.

"Voltemos aos ovos dos passarinhos e seus inimigos", ouvi o sábio dizer. "Os maiores inimigos dos ovos dos pássaros, não importava o tamanho, eram lagartas de cerca de dez centímetros de comprimento, com duas cabeças, asas e dois membros, semelhantes a trombas, que eram simultaneamente sugadores. Tais animais logo deixariam de existir. Eram os piores inimigos dos pássaros. Inicialmente era fácil para as lagartas alcançarem os ovos. Pois os pássaros, ao eclodirem, ainda não podiam voar. Ficavam no chão. Saltitavam em volta e pareciam gostar dos lugares onde havia muitos galhos secos, caídos das árvores. Aí também encontravam alimentos facilmente, pois os inos e as ullas, por toda parte onde os passarinhos andassem, jogavam minúsculos grãos no chão, de modo que nunca passavam fome."

"E então vieram as lagartas malvadas", pensei.

"Assim foi. Elas não apenas destruíam os ovos, mas também os passarinhos, quando se tratava das espécies pequenas, e no início só havia espécies pequenas.

'Temos de achar a sua cria e extingui-la!' diziam os pequenos guardiões.

Depois de tocarem suas cornetinhas, não demorou muito, e um dos anões da terra veio perguntar do que necessitavam. Os inos

53

seguravam, com uma ferramenta comprida e pontuda, e com toda a força, uma das lagartas.

'São malfeitoras', disseram, pedindo a seguir ao anão da terra que os ajudassem a encontrar a cria.

Isso não foi tão difícil.

'Solta o bicho! Pediremos ajuda!'

Não ouvi nenhuma voz, apenas os sons das pequenas cornetas. Não demorou muito, e o anão da terra que seguira a lagarta encontrou, não longe da clareira, um grande amontoado de lagartas recém-eclodidas. Por cima e no meio delas viam-se os insetos de seis asas, com o chifre venenoso, picando ininterruptamente as lagartas ainda não bem formadas. Em pouco tempo todas estavam mortas, e logo depois vieram os animais que limpavam a terra de tudo o que se achava em decomposição. Durante vários dias foram caçadas essas matadoras de passarinhos. Depois, durante dias seguidos, os anões da terra vasculharam a região num grande raio. Contudo, os insetos de seis asas tinham feito um serviço completo. Não havia mais lagartas. Pelo menos dessa espécie destruidora.

Inicialmente, nenhum pássaro podia voar, fosse grande ou pequeno. Eles movimentavam-se no chão e entre o capim alto, até que os entes das árvores se interessassem por eles, colocando primeiro ninhos em árvores não muito altas, e depois, com muita paciência, ensinassem alguns pássaros a voar. Tão logo alguns conseguissem voar, era fácil induzir os outros a fazê-lo. Um pássaro imitava o outro.

Apesar do bom trabalho feito com as lagartas, os destruidores insetos de seis asas tiveram de ser eliminados. Pois com seus chifres, cheios de veneno, eram perigosos demais."

Nesse ínterim, as salamandras haviam terminado seu trabalho. O chão estava tão limpo como se nada tivesse acontecido ali.

Continuamos caminhando vagarosamente, até chegarmos diante de uma parede de arbustos altos, não podendo mais prosseguir.

"Estas plantas produzirão maravilhosas frutinhas. Existem muitas espécies delas. E também quando os seres humanos estiverem vivendo na Terra, naturalmente haverá múltiplas espécies dessas gostosas frutinhas. Evidentemente, bem menores do que estas que estamos vendo. Este paredão alto ainda vai longe. Esta é uma das regiões em que a crosta terrestre não está totalmente consolidada.

É difícil supor que nesta grande região, ainda não totalmente firme, trabalhe um elevado número de grandes e pequenos entes da natureza. Aqui existem muitos minérios, que devem ser transportados para diferentes lugares.

Vi algumas plantas altas se moverem e então eu soube que os responsáveis pelos muitos minérios estavam começando o seu trabalho."

Ouvi a explicação do sábio, e eu não podia imaginar tudo o que já havia ocorrido, no longo, longo tempo de existência da Terra. Pois me foram mostradas apenas algumas imagens isoladas.

"Ainda continuam as transformações na crosta terrestre. A Terra também não gira sempre com a mesma velocidade. Essa velocidade se altera. Também em volta do Sol ela não gira no mesmo ritmo", explicou o sábio.

"Às vezes sinto um vibrar esquisito no corpo", disse o nosso acompanhante espiritual.

"Isso provém do Sol. Ele é envolto por um campo magnético que agora ainda vibra muitas vezes", disse o sábio.

"Posso perguntar mais alguma coisa?" dirigi-me ao sábio.

Ele acenou afirmativamente.

"Eu li", comecei, "que no nosso Universo havia uma matéria escura".

"Está certo. Mas apenas para os seres humanos que vivem na matéria grosseira terrena. Pois na matéria grosseira mediana não existe matéria escura. Lá tudo é luminoso. Somente os pássaros, principalmente as aves migratórias, não são atingidos pela matéria escura. Seus olhos extraordinários enxergam em parte a matéria grosseira mediana. Então voam por longos caminhos, formados por alamedas de árvores e arbustos. Quando essas alamedas terminam, prosseguem voando novamente por trechos a eles conhecidos na Terra de matéria grosseira. Mesmo voando sobre os mares, sempre dispõem de paisagens da matéria grosseira mediana. Por mais longe que os pássaros voem, sempre chegam ao seu destino. Em algumas partes do mundo terreno de matéria grosseira existem seres humanos totalmente imprestáveis, que apanham da maneira mais cruel os pequenos pássaros migratórios, como as andorinhas, matando-os."

"Agora, finalmente, compreendo por que as aves migratórias chegam tão seguramente ao lugar de seu destino, voltando também em segurança na época certa", respondi com alegria e gratidão ao sábio.

Depois, dirigi-me ao guia espiritual, pedindo-lhe desculpas por tê-lo chamado de "guia". Pois, de repente, eu sabia com certeza que ele nada tinha a ver com a condução de seres humanos. Ele era igualmente sábio, como o acompanhante enteal. Apenas de diferente espécie, a espiritual.

"Do jeito que me chamares, sempre estará certo!" foi a resposta do nosso acompanhante espiritual.

"Aliás, devo retornar a um ponto. Quando foram mencionados os olhos das aves, lembrei-me, pouco depois, que havíamos esquecido os dragões. Os olhos deles também podiam enxergar além da matéria grosseira. Antes de a Atlântida sucumbir, ao deixarem o país, eles localizaram a região de pouso exatamente de acordo com o que haviam visto no mundo mais fino."

"Vamos subir naquela elevação", disse o sábio, quando todos ficaram calados. "Parece ser muito bonita. Além disso, devo verificar se foram suficientes as pequenas flautas e outros pequenos instrumentos de sopro, armazenados no depósito que lá se encontra. E talvez os especialistas em minérios e os homens da terra, que juntos trabalham nela, necessitem de mais ajudantes, pois vejo que a região é muito maior do que pensei."

A elevação parecia ser constituída de terra e pedras, pois por toda parte, onde havia terra, cresciam flores rasteiras, vermelhas e amarelas, cobrindo frequentemente as pedras também. Elas não somente eram belas, mas impregnavam toda a região com o seu perfume. Quando chegamos ao topo, vimos um pedestal e uma placa de pedra, onde estavam gravadas toda sorte de coisas. Era maravilhoso lá em cima! Também podiam ser vistas muitas coisas. Não muito longe da placa havia uma cavidade maior na pedra, cheia d'água. O sábio estava junto do pedestal e puxou para o lado uma delgada placa de pedra. Apontou, então, para os inúmeros e pequenos instrumentos de sopro, de diversas formas, guardados sobre muitos degraus de pedra.

"Vejo que já vieram buscar alguns deles!" disse, recolocando a delgada placa de pedra nas duas fendas exatamente cortadas.

Depois, caminhou comigo de um lado para o outro no planalto, alegrando-se com as flores.

Eu coloquei-me sobre a placa, observando o panorama. A seguir dirigi meu olhar para o céu e disse:

"É difícil supor que a Terra gire em torno de si mesma e também em torno do Sol!"

Já que ninguém respondia, olhei ao redor e assustei-me muito. Ambos os acompanhantes estavam próximos de mim, sem os panos que cobriam suas cabeças, e sorriam.

Eu fiquei tão assustada, que comecei a tremer. Primeiro, porque não podia imaginar que depois de tanto tempo me fosse possível ver seus belos rostos e, principalmente, porque pensei que talvez fosse uma despedida e que não mais os teria ao meu lado. E eles eram realmente belos. No rosto moreno-dourado do acompanhante espiritual brilhavam olhos dos quais emanavam alegria e amor. O rosto do acompanhante enteal era moreno-avermelhado. Eu não teria condições de descrever os olhos do sábio enteal, pois tinha a impressão de que mudavam de cor a cada emoção. Diferente era com os olhos do espírito humano. Pareciam ser azul-escuros, e quando ele olhou para mim, tranquilizadoramente, senti intuitivamente sua bondade e sabedoria.

"Podes chamar-me 'Licos' ", disse o sábio enteal. "Esse nome será, para ti, mais fácil de pronunciar. Os nomes dos povos da natureza são um pouco diferentes, e também pronunciados de modo diferente."

"Eu sou 'Afarus'. Vejo pela primeira vez a construção de um astro pelos povos da natureza. Minha admiração é ilimitada. Visto que a Terra, um dia, será a morada de espíritos humanos, alguns de nós, espíritos humanos, fomos enviados para estar presentes em todos os lugares onde espíritos se encarnarem. Naturalmente, ainda não em corpos de matéria grosseira. Licos e alguns de seus semelhantes foram, igualmente, enviados por um poder superior, com a mesma finalidade."

Tudo isso assimilei no íntimo. De qualquer forma, já havia deduzido que ambos, aos quais sempre denominei de acompanhantes, deveriam ser personalidades extraordinárias…

"Mas o que significa a minha presença? Na verdade, sempre havia desejado que me fosse permitido ver como um astro nasce…"

"Não fiques amedrontada nem triste. Também a tua presença foi desejada por um poderoso espírito. Ele te chamou de 'Isa', e tu o conheces."

Foi Afarus quem falou. Nem tive tempo de refletir, pois Licos tomou a palavra.

"Hoje nos separaremos. Chegou a época dos sáurios menores. Eles também são muito grandes, contudo é impossível compará--los com os sáurios primitivos. Nossos pântanos têm alimentos em abundância, mesmo para os animais com chifres e duas cabeças, que sempre estão presentes no séquito dos sáurios."

"Jamais vi tantos vermes, sapos, lesmas e um tipo de cogumelos – que na realidade também são animais –, aranhas de tamanho inimaginável, e ainda muitos outros animais, cujos nomes nem conheço. Eles, por sua vez, devolverão à terra muita coisa. Pois o solo deve tornar-se fértil, por isso húmus animal também é necessário."

"Certamente se passarão novamente vários milhões de anos, até que surjam outras transformações terrestres. Ontem vimos um meteoro comprido bramindo pelo céu."

"Parece que ele puxava uma pesada carga."

"Certamente era pesada. Mesmo que fosse constituída de pedras, metais e gelo, já seria bastante pesada. Mas havia ainda outros elementos", confirmou Licos.

"Segundo ouvi, apenas o curso de um rio ainda deve ser alterado. Mais tarde, talvez ainda ocorram outras transformações."

"Posso perguntar como os sáurios encontrarão a morte dessa vez?"

"Da maneira mais natural. Eles morrerão de velhice. Quando os guardiões dos animais julgarem que a quantidade desses animais é suficientemente grande, eles darão aos machos grandes e compridas nozes, que comerão com especial prazer, mas que os tornarão estéreis. Essas nozes crescem apenas nos jardins de Gaia, a rainha da Terra, e não devem ser plantadas em nenhuma outra parte.

Quando nos encontrarmos de novo, certamente se terão passado milhões de anos. Será exatamente a época do nascimento dos 'animais de braços'."

O nascimento dos animais de braços foi a última coisa que daquela separação longínqua me ficou na memória, ao acordar em minha cama na Terra.

Refletindo sobre aquilo que vi e ouvi, por ocasião do nosso encontro, lembro-me, agora, que nasceram relativamente poucos desses animais...

"Quando me será dada a oportunidade de ver os animais de braços? Nunca tinha ouvido esse nome antes..."

Estou tão grata e feliz, por saber agora os nomes de meus dois acompanhantes e por me ter sido permitido ver seus belos rostos.

Acabo de lembrar dos guardiões dos animais que pude ver, mas que ainda não descrevi. Esses entes da natureza são de vários tamanhos. Alguns são tão minúsculos como os homenzinhos das raízes; outros, por sua vez, têm o tamanho de seres humanos, cerca de um metro e meio, sendo às vezes também maiores. Não conheci guardiões dos tempos primitivos, já que não vi os enormes animais daquela época.

Os guardiões dos animais, pode-se dizer também pastores dos animais, podem comunicar-se com os bichos; naturalmente sem palavras. Sua roupa se parece com uma pele malhada. As cores predominantes são preto, amarelo e diversas tonalidades de marrom. Vestem longos coletes, calças largas e botas que sobem além dos joelhos. As peles são bem finas, lisas e têm um brilho bonito. Todos eles carregam duas bolsas de pele, ligadas entre si por duas largas tiras, também de pele. Essas bolsas são penduradas sobre os ombros de tal forma, que uma cobre a metade do peito e a outra a metade das costas. Como me explicaram, ambas as bolsas contêm apenas um alimento fortificante especial, para animais bem jovens. Os guardiões possuem corpos superiores fortes e largos, e braços correspondentes. As mãos são muito largas, os dedos igualmente largos e principalmente muito curtos. Apenas o polegar é tão comprido, que supera todos os dedos. A cabeça desses entes da natureza é totalmente redonda, coberta por cabelos pretos, semelhantes a pelos e que pendem até a metade da testa curta. Os olhos se parecem com os dos centauros. São olhos pretos, com um ponto vermelho no centro, que lampeja de acordo com as suas emoções.

Refletindo sobre tudo o que vi até agora, posso constatar apenas que a preparação de um astro para receber espíritos humanos é um trabalho enorme, que exige uma dedicação extraordinária em todos os sentidos.

E<small>NCONTRÁVAMO-NOS AO</small> lado de um grande lago, e fazia muito calor. O Sol irradiava uma cor vermelha, e a água parecia incandescente.

"A intensidade da irradiação solar continua variando. Consequentemente, também o clima!" ouvi Licos dizer. "Desde a última vez em que nos vimos, muitos acontecimentos mudaram novamente a imagem terrestre. Até uma era glacial já se passou. Mal se sentia, naquela época, a irradiação do Sol. Observando bem, muito podes aprender sobre os astros. Vês a aglomeração de nuvens de chuva sobre nós?"

"Logo choverá!" pensei.

"Já está chovendo, contudo a chuva não chega até nós. Evapora ainda no ar!"

Pois bem, isso eu compreendi.

"Vejo várias, grandes e claras figuras no ar quente, que se movimentam para cima e para baixo. Às vezes tenho a impressão de que chamas azuis saem, de alguma forma, de seus corpos!"

Mal eu havia deixado de olhar o céu, quando Licos disse:

"Tens sorte em ver esses grandes. De tempos em tempos, eles examinam o sistema de circulação da atmosfera."

Baixando a cabeça vi, na margem do lago, pássaros de pernas compridas e pescoço longo. Alguns eram totalmente vermelhos; outros, por sua vez, quase brancos e em parte num tom claro de cor-de-rosa. Apesar do calor eu estava feliz e alegre. Tinha a impressão de que jamais me havia separado de meus acompanhantes. De repente, reparei que nós três estávamos vestidos de maneira diferente. Licos vestia uma roupa verde-clara, de um tecido maravilhoso. O fundo era, sim, verde-claro, mas estranhas espirais, de um verde mais escuro, tornavam a longa veste encantadora. As mangas eram tão compridas, que até cobriam suas mãos. A roupa era fechada no pescoço. Um pano branco, que ele sempre usava, cobria a cabeça e caía até a metade das costas. A fita que prendia o pano no meio da testa parecia feita de um cipó vermelho. Nos pés usava sandálias com tiras largas, as quais pareciam ser feitas de um couro com escamas de peixe.

Licos sorriu, ao ver como eu contemplava minuciosamente sua vestimenta.

"Examinaste bem o tecido de minha roupa. É único, pois foi feito de fibras de uma planta cultivada exclusivamente nos jardins da mãe da Terra, Gaia. E as roupas são confeccionadas numa de nossas inúmeras oficinas. Olha também a roupa de Afarus e depois a tua!"

A roupa de Afarus era amarelo-clara. Além das espirais, viam-se ainda sóis, luas e estrelas, aliás de uma cor verde, a qual eu nunca havia visto. Quanto ao feitio, parecia-se muito com a roupa de Licos. Também Afarus usava um pano branco, que cobria a cabeça e a testa, caindo até a metade das costas e do peito. A testeira consistia em uma fita de pedras preciosas pequenas e coloridas. Não sei se eram sapatos ou sandálias o que ele calçava. Tinham uma forma que me era desconhecida, confeccionados com um tecido forte, brilhante e de cor amarelo-clara, também coberto de espirais.

"Agora, olha para teu próprio vestido", disse Licos, quando eu pretendia observar mais de perto os pássaros que seguramente eram maiores do que eu.

Ao contemplar meu vestido fiquei muito surpresa, pois nem sabia possuir algo tão bonito. O tecido era inteiramente coberto de pequenas flores, amarelas e vermelhas, e folhas verdes e redondas. Não posso lembrar de já ter visto cores assim. O feitio era o mesmo que o das vestes dos homens. Também o meu vestido era fechado no pescoço. E eu senti que tinha uma corrente justa em volta do pescoço. Apalpei a joia com a mão, já que não podia vê-la.

"É uma corrente de ouro, com uma série de conchas também de ouro, nas quais o artífice encaixou pérolas, na verdade, pérolas cor-de-rosa."

Não sabia o que deveria pensar... uma joia tão maravilhosa! Será que algum dia poderia vê-la?

"A joia te pertence! É um presente de nossa rainha", disse Licos. "E a fita, que prende na nuca teus cabelos compridos, é do mesmo tecido da roupa de Afarus! O chapéu que tens na cabeça também saiu das nossas oficinas. Ao tocá-lo, tem-se a impressão de que é um chapéu de palha, mas foi feito com uma espécie rara de fibras de grama", acrescentou Licos.

"Temos de prosseguir!" exortou Afarus. "Preciso explicar ainda muitas coisas a Isa." Licos acenou concordando, e já voávamos sobre a Terra. As roupas haviam sido esquecidas.

Percebi que nos distanciamos bastante do lago. Atravessamos um rio largo num barco grande e esquisito, que fora construído por entes das águas com uma espécie de junco. Um grande ente da água, juntamente com vários outros pequenos, impulsionavam o barco rapidamente na travessia. Nesse ínterim, outros pequenos entes circundaram o barco, não sabendo mais o que fazer de travessuras, mostrando alegria por causa da nossa vinda. Jogavam conchas coloridas, pedrinhas brilhantes, frutas e tantas outras coisas para dentro do barco. Rindo e acenando, deixamos o agradável meio de transporte no outro lado do rio.

Nosso caminho levou-nos novamente através de uma floresta, que já deveria ser muito antiga, a julgar pelos colossais troncos existentes em ambos os lados do caminho. De repente, as copas das árvores começaram a sussurrar, e frutas e conjuntos de flores caíam sobre nós. Ouviam-se sons de flautas. Olhando para cima, deparei com um elfo num galho, dando os mais ousados saltos. Quando percebeu que eu o observava, ele desapareceu dentro do tronco da árvore, deslizando para baixo, através da madeira. Para os entes das árvores existe, sim, a madeira mais dura, mas não constitui impedimento para seus movimentos. De acordo com sua espécie, todos os entes da natureza são de uma matéria grosseira mais fina. Não obstante, possuem a capacidade de construir todo o Universo de matéria grosseira, com os incontáveis astros, e mantê-los em movimento.

Meus acompanhantes já tinham seguido adiante, e eu tive de apressar-me para alcançá-los. Estávamos voando velozmente, de modo que vencemos grandes distâncias. Esse voar, de maneira flutuante, desencadeava em mim uma sensação maravilhosa. Parecia-me como se um vento quente e agradável nos impelisse para frente.

"Chegamos ao nosso alvo", disse Licos.

Logo depois, ele nos mostrou um banco parcialmente escondido entre arbustos, que me parecia ser feito do mesmo material do barco com que tínhamos atravessado o rio. Dos arbustos, muito altos, pendiam galhos até o chão, pesadamente carregados de pequenas frutinhas, que eu não conhecia.

Licos mostrou-me algumas árvores com uma espécie de casca que eu não havia visto nas outras.

"São árvores de mel."

Depois dessa explicação, ele me conduziu um pouco mais adiante, mostrando-me outra árvore.

"Esta é uma árvore de leite. Nossa rainha deixou que as plantássemos em sete lugares diferentes; acho que isso aconteceu há cinquenta anos. Vosso sistema de números ainda é um pouco difícil para mim."

"Eu não sabia que existiam árvores de mel e de leite", respondi.

"De uma árvore flui leite e de outra mel. Naturalmente, é necessário saber exatamente como sangrar as cascas das árvores."

Nunca ouvi falar de árvores de leite e de mel. Mas lembrei-me depois de que existia uma árvore da qual fluía algo, quando sangrada. Naquele momento, no entanto, não me havia recordado dela.

"Venham até o banco! Ouço vozes. Deve ser Tho, o guardião de animais, com seus protegidos", disse Afarus.

Licos e eu, naturalmente, aceitamos logo o convite. Além disso, escutei uma confusão estranha de vozes. Antes de poder refletir sobre onde já havia escutado tais vozes, vi Tho aparecer por trás de uma elevação pedregosa, acompanhado de um bando de animais. Animais! Eu já queria me levantar e correr até lá. Pois os animaizinhos, de cerca de meio metro de altura, pareciam tão engraçados. Eles agarravam-se nas pernas do guardião de animais, emitindo uns sons esquisitos.

"Deverias conhecer esses animais", disse Afarus.

Refleti durante algum tempo. Talvez fossem aqueles os animais de braços dos quais já se falara. Por mais que eu pensasse, a expressão animal de braços era-me estranha. Não podia ver bem os animais, pois estavam muito distantes de nós. Com os raios do Sol, seu pelo refletia uma cor castanho-avermelhada. Depois de algum tempo, quase dei um salto de alegria.

"Naturalmente conheço esses animais. São pequenos macaquinhos!"

Afarus e Licos seguiram exatamente meus pensamentos, parecendo alegrarem-se por eu ter reconhecido os animais.

"Tens razão. São os descendentes de uma linhagem especial de macacos. Nós, realmente, sempre os chamamos de animais de braços. Pois mesmo os animais jovens já sabem usar muito bem seus bracinhos, como mal se poderia imaginar. Não nos aproximemos muito deles, senão logo se agarrarão em nossas roupas. Há pouco tempo eu os observava quando se alimentavam, e então um deles pulou no meu ombro, começando a examinar, com seus dedinhos, os cabelos de minha cabeça."

"Os pais desses animais vivem muito longe daqui. Os guardiões de animais escolheram os filhotes mais robustos, levando-os para o lugar já há muito tempo destinado a eles. Aliás, isso aconteceu por ordem de guias superiores espirituais e enteais, os quais, por sua vez, estão em contato com um poder superior. As extraordinárias instruções foram condicionadas pelas futuras encarnações de espíritos humanos. Escolhemos sete regiões diferentes em toda a Terra, onde a mesma quantidade dessa espécie de macacos está sendo distribuída. Eles crescem mui rapidamente, por receberem um alimento fortificante especial. Além disso, são ensinados a procurar, eles mesmos, a alimentação. Além das frutas e tubérculos, a eles destinados, ainda existem suficientes folhas suculentas, frutinhas e outros alimentos. Se tivessem ficado junto de seus pais, nunca teriam recebido essa alimentação especialmente escolhida."

"Será que somente os guardiões de animais se ocuparão com esses filhotes?"

"Não! Observa bem ao redor, e depararás com muitos dos nossos. Olhando apenas superficialmente, pouco poderás ver."

Fiz como me disseram. Não demorou muito, e comecei a ver movimentação por toda parte, que antes me havia passado despercebida.

"O que estás vendo são os anões de meio metro de altura e também os maiores. Naturalmente eles têm outros nomes, de acordo com sua espécie. Mas para ti a designação 'anão' é mais familiar, embora os anões que produzis apresentem um aspecto horrível", acrescentou Licos ainda.

Vi homenzinhos vestidos de vermelho e de verde, usando capuzes castanhos, com apenas metade da altura dada pelos seres humanos às suas figuras barbudas. Os calçõezinhos que usavam me pareciam bastante largos, enquanto as jaquetinhas, tanto nos menores como nos maiores, estavam ajustadas aos seus corpinhos. Todos tinham cintos largos, pelo menos os que pude ver, e neles penduravam os mais variados objetos, que eu não conhecia. O que me chamou a atenção foram as botinhas que alcançavam até os joelhos, parecendo ser de couro.

Quando os animais haviam comido o alimento fortificante, os seus guardiões desapareceram – havia vários guardiões, que antes eu não havia visto – e os anões começaram a brincar com eles. Elfos desciam pelas árvores de tronco fino, mostrando aos macaquinhos como se podia trepar em árvores. Isso parecia alegrar sobremaneira os animaizinhos. Gostei de tudo o que vi. Não obstante, perguntei a mim mesma por que os entes da natureza tinham tanto trabalho, já que havia os pais!

Mal eu havia pensado assim, e logo ouvi a resposta.

"Tens razão", disse Licos. "Teríamos menos trabalho. Mas não cumpriríamos nossa missão a contento dos nossos superiores."

"Essa espécie de macacos está sendo cuidada de modo bem diferente, visto que eles, embora inconscientemente, terão uma importante missão a cumprir mais tarde", disse Afarus.

"A alimentação é de extrema importância! Assim os corpos se mantêm sadios, podendo tornar-se de tal modo refinados, que não mais necessitem de carne. Deixando-os junto de seus pais, eles cresceriam como um animal comum. Receberiam primeiro o leite, o que naturalmente é bom e está certo. Além disso, nosso alimento fortificante também contém todas as substâncias de um bom leite. Após a alimentação com leite, os pais logo ensinariam os filhotes a caçar; de início, bichos pequenos, e depois, evidentemente, os maiores."

Pouco a pouco compreendi que esses macaquinhos deveriam receber corpos mais refinados, através de uma alimentação especial.

"Levamos sempre o mesmo número de femeazinhas e machinhos para as regiões a eles destinadas, a fim de que, atingida a idade adequada, possam acasalar-se. Devido à alimentação especial, fortificante, e não por último pela convivência com os diversos entes da natureza, que lhes ensinam muitas coisas, cria-se da maneira mais natural uma espécie de animal superior, os quais então, mais tarde, poderão cumprir o que deles se espera."

Agradeci a Licos pela explicação, pois eu tinha compreendido tudo muito bem. Tornara-se claro para mim, também, quão importante era a alimentação para os seres humanos, tanto para os doentes, quanto para os sadios.

"Naturalmente cuidamos para que os descendentes se desenvolvam corretamente. Animais fracos são logo afastados."

"A terceira geração, além de brincar, terá de aprender também a caminhar na posição ereta!" disse Afarus, rindo de minha fisionomia de perplexidade.

Eu refleti um pouco e fiquei consciente de que nós, seres humanos, também possuímos corpos animais, e provavelmente descendentes daqueles que outrora foram preparados tão cuidadosamente. Pois ainda não conhecia os corpos considerados apropriados para a encarnação de um ser humano.

"Os macaquinhos já foram distribuídos em todas as regiões?" dirigi-me em pensamento a Licos.

"Não, somente os dessa raça é que entram em cogitação. E justamente dessa raça temos menos animais na idade de procriar. Por essa razão demorará um pouco mais, até que tenhamos o número necessário para todas as regiões determinadas. Mas isso não quer dizer nada, pois ainda passará um longo tempo até que seja alcançado o mais alto grau de desenvolvimento entre os animais por nós escolhidos, sem dúvida o grau mais elevado que um animal possa alcançar."

Licos, evidentemente, tinha razão. Pois era lógico que apenas os melhores entrassem em cogitação.

Para muitos dos macaquinhos não seria tão difícil caminhar na posição ereta. Já naquele momento vi alguns dos pequenos caminhando eretos atrás dos anões. Ansiosamente desejei ver esses animaizinhos engraçados já adultos.

Quem respondeu ao meu anseio foi Afarus.

"Não verás os macaquinhos que te mostramos hoje quando forem adultos, mas sim seus descendentes; na verdade, só a quinta geração. Pois nessa geração os animais alcançarão seu mais alto grau de desenvolvimento. Nela estarão aqueles animais nos quais a encarnação de espíritos humanos será possível. Também esse processo único te será permitido ver em imagens. Pois isso ocorreu há tempos imemoriais. Sei que as imagens que te mostramos até agora não pareceram imagens, mas sim é como se tudo estivesse ocorrendo, e como se tu estivesses vivenciando tudo realmente. É bem provável que vivenciaste também muitas coisas, pois estiveste sempre conosco com um corpo mais fino. Tudo o que te mostramos até agora aconteceu há milhões e bilhões de anos. Pois se tratava sempre de breves acontecimentos. Não obstante, podes agora imaginar muito bem toda a construção de um astro. E o que se tornou de especial importância para nós, isto é, para todo o povo da natureza, que planejou a beleza imaculada deste planeta Terra, e nele trabalhou, foi oferecer, aos futuros espíritos humanos, indícios de como eles podem continuar a trabalhar com o rico material que a natureza lhes proporciona. Em tudo o que os entes da natureza criaram se reconhece a ordem, que aos espíritos humanos pode ou poderia servir de exemplo na vida grosso-material. O elevado espírito poderia ter embelezado a natureza de múltiplas maneiras, tirando, não obstante, ricos proveitos."

Assimilei bem a explicação de Afarus, gravando-a profundamente. Nunca me senti tão feliz. De repente, veio a recordação da situação atual, e eu comecei a chorar. No mesmo momento, eu nada mais sabia, pois novamente estava em minha cama. Devia ser de manhã, pois ouvi um cantar de pássaros como nunca ouvira antes. Existiam mesmo tantos pássaros na Terra? E pássaros que emitiam tantos sons?

"Os pássaros aparentemente inventaram hoje novas melodias", disse Afarus.

Olhávamos para um menino que carregava uma sacola feita de um trançado de fibras verdes, e que caminhava pelo córrego onde estávamos. A sacola já estava quase cheia de peixes. Era visível que estava pesada.

"Tens o suficiente. Leva-a para Ioni. Ela preparará um delicado prato para vós!" aconselhou-lhe Licos.

Sem que tivesse percebido algo, novamente me encontrava reunida com meus dois acompanhantes e mestres. Sentia-me alegre e feliz, não me lembrando de mais nada.

Chamou-me a atenção que Afarus e Licos estivessem vestidos totalmente de branco. Somente as testeiras, que prendiam seus panos de cabeça, eram diferentes. Eram confeccionadas com uma prata quase branca. Nunca havia visto um metal semelhante.

Só quando Afarus olhou para mim, admirando, percebi que eu também vestia uma roupa branca e tinha na cintura um cinto do mesmo metal branco das testeiras. Até as sandálias nos meus pés eram feitas com esse metal.

"Por que estamos hoje, nós três, vestidos tão festivamente?" perguntei em pensamento, um pouco temerosa.

"Lembras-te, ainda, que há cerca de mil anos viste os primeiros jovens macaquinhos, com os quais gostarias de ter brincado?"

"Certamente me lembro, e com alegria!"

"Desde então viveram cinco gerações dessa raça especial de macacos. Nós os denominamos 'babais'. Seu tempo em breve terminará. Apenas poucos indivíduos dessa raça ainda vivem na Terra", disse Licos. "O menino que viste chama-se Tiso. Ele tem cerca de doze anos. A menina que chamei de Ioni descende de outro casal de babais. Pelo aspecto dessas duas crianças humanas – digo crianças humanas, visto que em ambas já se encarnaram espíritos

– perceberás o quanto valeram a pena nossos esforços, que duraram milênios, com vossos pais primitivos, os babais! Primeiro cumprimentaremos os pais das duas crianças humanas. Eles vivem um pouco afastados." Os dois casais de macacos, que nesse momento consegui ver, não mais tinham a aparência de macacos comuns. Fiquei tão surpresa ao vê-los, que não sabia o que dizer. Eles viviam numa cabana primitiva de ramagem, dividida em duas partes. Tinham até um lugar para o fogo. Também não tinham rostos de macacos comuns. Enquanto eu olhava tudo, lembrei-me, inesperadamente, de palavras da Mensagem do Graal, *Na Luz da Verdade*, de Abdruschin, vol. 2, dissertação *A criação do ser humano:*

"Pelo contínuo e progressivo processo de formar, surgiu com o tempo o animal desenvolvido ao máximo que, raciocinando, já se utilizava de diversos meios auxiliares para a subsistência e para a defesa."

Meus dois acompanhantes deram a mão aos babais, despedindo-se, e eu também fiz a mesma coisa. Até suas mãos senti como mãos humanas. E eles também eram claros. Ambos estavam sentados num banco de um trançado compacto. Quando íamos sair, eles deslizaram com muito esforço de seu banco, inclinando-se tanto, que suas cabeças tocaram o chão. A humilde gratidão dos dois atingiu-me tão profundamente, que só a muito custo consegui reter as lágrimas.

Licos e Afarus ajudaram os dois a se levantar. Quando estavam novamente sentados, deixamos o caramanchão. Ao sairmos, chegou Tiso com grandes folhas, nas quais se encontravam peixes assados. Ele já podia falar algumas palavras que, radiante de alegria, recitou diante de nós. Elogiamos Tiso e despedimo-nos dele, seguindo por um caminho que passava entre arbustos em flor.

"Agora verás um dos cemitérios dos babais. Duas grandes e fundas covas já estão feitas. Elas são destinadas aos pais de Tiso."

"Aqui ainda vivem pelo menos oito casais de babais", disse Licos. "Mas eles foram com seus filhos, ainda crianças, até um lago, a fim de buscar junco para seus 'móveis'. O junco cresce somente naquela região."
"Como é que Tiso já fala palavras humanas?" perguntei a Afarus.
"Não sabemos", ouvi Afarus dizer pensativamente.
"São realmente palavras o que ele fala?" perguntou Licos.
Eu refleti um momento e depois disse que nem sabia o que ele havia dito, pois falara muito rápido. Apenas me pareceram palavras humanas. Meus acompanhantes pareciam estar satisfeitos com a minha resposta, pois não perguntaram mais nada.

Existiam ainda diversas regiões onde viviam babais com seus filhos. Essas regiões se localizavam em toda a Terra. Mais minuciosamente, pode-se dizer que existiam ao todo sete, ou melhor, oito regiões, já que uma delas, demasiadamente grande, fora dividida em duas partes. De uma região muito grande, na parte sul do globo terrestre, tiveram de ser transferidas cerca de vinte crianças humanas. Foram logo acolhidas num local afastado, pois lá também viviam crianças da mesma idade. A maioria das mães das crianças, as babais, não seguiram junto. Pois estavam conscientes de que nada mais poderiam dar às crianças humanas que haviam gerado. Restava apenas o amor, e esse amor acompanharia cada criança humana.

Para que os babais e as crianças tivessem de deixar essa região houve uma razão especial. Os guardiões da Terra anunciaram que a região onde os babais viviam com as crianças afundaria depois de determinado tempo. Evidentemente, quando as crianças humanas já estivessem bastante grandes para poderem ajudar a si próprias. Os guardiões da Terra não gostaram que os babais não quisessem sair.

A região que teve de afundar cobriu-se pouco a pouco com as águas de um grande lago e também com as águas de um braço de mar. Isso, logicamente, levou muito tempo. Tão logo o necessário nível de água havia sido alcançado, teve de ser equilibrada a sua composição. Também isso requereu certo tempo, pois o conteúdo de sal teve de ser misturado com gases de vulcões.

Do afundamento da região, os babais já muito velhos nada perceberam. Pois quando esse fenômeno da natureza ocorreu, todos eles se encontravam no mais profundo sono.

Eu queria ver Ioni. Logo depois, senti que alguém puxava minha roupa. Virei-me rapidamente e então vi Ioni olhando para mim muito séria. Ela usava uma saiazinha verde, de fibras, e a parte superior de seu corpo também estava coberta com roupa idêntica. Com a mão ela indicou para sua saiazinha; na cintura havia amarrado cipós de trepadeiras floridas. Pareceu-me muito orgulhosa do vestidinho de fibras.

Notei que Afarus e Licos também estavam orgulhosos da vestimenta da mocinha. Logo a seguir, chegou Tiso. No riacho, enquanto pegava os peixes, estava nu. Mas agora ele também usava um saiote, que alcançava os joelhos. Contudo, não era de fibras, mas sim de folhas verdes de uma bela espécie de junco, as quais mediam alguns centímetros de largura.

Eu queria presentear Ioni com um vestido. Mas Afarus, bem como Licos, não concordaram.

"Já existem mais mocinhas; de que servem os vestidos para elas?" perguntou Licos.

Também Afarus se manifestou contra.

"A natureza, pois, oferece-lhes tudo o que necessitam para seu vestuário e para a alimentação. Evidentemente, devem esforçar-se também um pouco e aprender a pensar. A natureza é rica em tudo. Apenas é necessário saber encontrar as coisas. Pelas saiazinhas de fibras, já percebi que Tiso e Ioni estão no caminho certo. Com razão estão orgulhosos de suas vestimentas. Pois sozinhos tiveram de se esforçar para encontrar algo com que poderiam cobrir sua nudez. Ainda não sabemos se apenas Ioni e Tiso arranjaram vestimentas. Esses dois jovens espíritos humanos proporcionaram a mim, e certamente também a Licos, a maior alegria."

Licos acenou afirmativamente.

"Não pensei que eles cobrissem sua nudez tão rapidamente", observou Licos.

"Ao ver, há pouco, os dois velhos babais, soube seguramente que eles muito contribuíram para o rápido desenvolvimento dessas duas crianças", disse Afarus.

Tive a impressão de que lágrimas brilharam em seus olhos. Só podia tratar-se de lágrimas de alegria.

Chamou-me a atenção o fato de haver muito mais animais ao redor. Primeiro todos eram desconhecidos para mim. Contudo, pouco a pouco, percebi a semelhança deles com alguns animais que eu conhecia de minha pátria terrena.

"Ioni foi a primogênita", disse Licos, depois de algum tempo. "Eu a conheci quando tinha acabado de aprender a andar. Todos os animais correm para ela. Até os ursos que acabaste de ver."

"Alguém aqui sabe dizer como as crianças receberam seus nomes?" perguntei em pensamento. "Agradou-me, sim, o nome Ioni."

A resposta só veio depois de algum tempo, aliás, por intermédio de Licos.

"A mãe da Terra, Gaia, deu o nome à criança. Provém do mundo enteal. Gaia achou que a primeira coisa que uma criança espiritual, que entrasse na matéria grosseira, deveria ter era um nome. Naquela época ela estava sozinha, mas inconscientemente feliz. O nome Ioni significa no vosso modo de expressar 'solidão feliz'."

Assimilei tudo o que Licos me transmitiu. E também fiquei contente por Ioni não ter estado sozinha muito tempo, pois Tiso, cujo nome, como eu havia suposto corretamente, também era do mundo enteal, chegara logo, talvez um ou dois anos mais tarde.

De repente, lembrei-me das outras crianças que tinham saído para colher junco.

"Será que poderia acontecer algo às crianças, ao andarem assim sozinhas pelas regiões pantanosas?" perguntei em pensamento.

Logo depois, ouvi uma voz que me era estranha. A voz no meu íntimo disse:

"Não acontecerá nenhum mal aos meus irmãos em espírito! Os animais amam-nos. E companheiros invisíveis estão junto deles."

Olhei em redor, mas não vi ninguém. Olhei um pouco timidamente para Afarus e Licos. Ambos sorriam. Nenhum deles me deu uma explicação. Prossegui caminhando, contudo a voz não me saía da cabeça. Parei e olhei para trás, pois Afarus e Licos se haviam atrasado um pouco.

Para minha surpresa, vi ao lado deles uma terceira pessoa do sexo masculino. Era quase da mesma altura dos dois, e também tinha um rosto moreno-dourado. Mas logo me conscientizei de que se tratava de um espírito humano. Sua roupa, aliás, era um pouco esquisita. Vestia uma jaqueta sem mangas e calças largas, com um cinto metálico na cintura. O que mais me chamou a atenção foi a cor de sua roupa. Era vermelha, contudo de um vermelho que eu nunca havia visto na Terra. Nos pés trazia calçados difíceis de descrever. De qualquer forma, pareciam ter sido feitos de um couro com escamas de peixe. Os cabelos dele eram vermelho-acastanhados, encaracolados, e caíam até a nuca. Gostei desse homem, tanto quanto de Afarus. E nesse momento escutei a voz de Afarus.

"Estás vendo 'Gauê'. Ele também foi enviado por um poder superior. E, na verdade, como guardião de crianças. Foram enviados dois ao mesmo tempo. O segundo guardião chama-se 'Kintos'. Ambos os guardiões só apareceram quando a maioria das crianças tinha mais de cinco anos de idade. Antes as babais – pode-se dizer também 'mães primitivas' – faziam tudo o que era possível para as crianças, a quem amavam acima de tudo."

"Sempre um de nós acompanha agora as crianças que hoje já estão com mais de dez anos", explicou Gauê, "e que, para a sua idade, já enfrentam a vida de modo muito independente. Permanecemos, logicamente, sempre invisíveis. Contudo, as crianças sabem, geralmente quando percorrem longas distâncias, que nós nos encontramos nas proximidades. Todas elas têm pequenas cornetas, com as quais podem nos chamar ao necessitarem de alguma informação."

"Em suas caminhadas sempre encontram tubérculos da terra ou frutas que ainda não conhecem. Também há favos, pendurados em galhos baixos de determinadas árvores. Esses favos contêm um líquido viscoso, semelhante ao melado. Há também grandes folhas, macias como veludo, com as quais podem fazer cobertores.

Quando encontram novos alimentos, folhas e outras coisas que não conhecem, tocam suas cornetas para chamar Gauê ou Kintos, que conhecem tudo o que há na Terra", explicou Licos.

"Para todas as regiões, onde as crianças humanas já têm mais de cinco anos de idade, chegam dois guardiões ou protetores, que as auxiliam a encontrar os alimentos certos e também as folhas e espécies de junco que lhes possam servir de roupas e 'móveis'", disse Kintos.

"Nossa roupa é colorida por causa das crianças, pois o vermelho elas logo enxergam, já que tudo em redor é verde", acrescentou Gauê.

Os babais que ainda estavam vivos geralmente observavam suas crianças de longe. Apesar do elevado grau de desenvolvimento que haviam alcançado, consideravam-se de valor inferior às crianças que haviam gerado, embora esse não fosse o caso. Pois haviam cumprido com o maior cuidado e amor a missão a eles transmitida. Sua gratidão, por terem chegado a tanto em seu desenvolvimento, não tinha limites. Sabiam que jamais poderiam tornar-se espíritos. Nem queriam isso.

"Existem aqui macacos comuns também?" perguntei.

"Certamente", respondeu Licos. "Contudo eles, bem como outros animais, ficam nos grandes viveiros que construímos em toda a Terra. Até que não haja mais nenhum babai. Muitos animais, porém, já têm a sua liberdade."

"Podemos caminhar um trecho em direção ao oeste; lá, Isa poderá ver logo uma manada inteira de animais."

Afarus nos conduziu até um lugar onde se tinha boa visão de um amplo vale verde, com vários pequenos riachos. Justamente quando chegamos, passou galopando uma manada de cavalos brancos, de pelos compridos.

"Observa suas cabeças", disse Licos.

"Eles têm cornos", falei surpresa.

"Não todos! Apenas os machos. Os outros animais são ovelhas."

"Logo Tiso e Ioni descobrirão esse pelo grosso e procurarão ver como ele poderá ser aproveitado."

"E as grandes aves de pernas compridas que correm no meio?"

"São pavões", disse Afarus. "De tempos em tempos, eles soltam suas belas penas. Onde vives, certamente, eles encontrarão uma utilização para elas."

Quando eu estava olhando para o amplo e belo vale com os animais que galopavam e até pulavam, senti que alguém estava atrás de mim, falando em pensamento. Era Tiso. De repente entendi o que queria dizer. A voz que ouvi em meu íntimo era parecida com a de Licos. No entanto, era Tiso:

"Nossos dois protetores, Kintos e Gauê, nos deram a permissão de comer as aves, que já cobrem quase o lago inteiro. Sim, eles até nos aconselharam a fazer isso."

"Tendes covas de fogo tão grandes para assar animais desse tamanho?"

"Vem comigo, quero mostrar-te os animais. Também não sei como eu poderia matar um animal tão belo. Falta-me a coragem para tanto."

"Deveis seguir o conselho de vossos protetores, pois se quiserdes tornar-vos grandes e fortes, necessitais também de uma alimentação adequada."

V<small>OLTANDO PARA</small> a pequena aldeia, contei a Afarus e Licos as preocupações de Tiso.

"O lago de que Tiso fala", disse Licos, "está tão cheio de patos gordos, gansos e outros animais, que mal se enxerga a água. Além disso, onde ainda existe lugar na água, crescem plantas aquáticas de folhas grandes e flores amarelo-brilhantes. Têm talos compridos, pois do contrário nem seriam visíveis."

"Vossos protetores têm razão. Para vos tornardes fortes e permanecerdes sadios, necessitais de carne. E já que aqui existem aves em abundância, é permitido a vós comer sossegadamente, tanto quanto quiserdes", acrescentou Afarus. "Esse é até um conselho de nossa sublime rainha."

"Vamos ver primeiro as 'covas de fogo', pois até agora só assastes peixes nelas", disse Kintos para Tiso.

"As covas não poderiam ser melhores", opinaram todos.

"Os anões da terra, com a ajuda das salamandras, haviam feito a primeira. As outras nós mesmos tivemos de fazer", disse Tiso orgulhosamente.

As covas para o fogo eram, realmente, bem feitas. Havia duas, uma ao lado da outra. Uma era bastante funda, e a outra, mais larga e mais rasa, e também um pouco maior, certamente para assar peixes. As covas eram revestidas com uma grossa camada de barro. Via-se que a cova rasa já havia sido bastante usada.

"Aqui assamos nossos peixes", explicou Tiso.

"Posso imaginar o que preocupa Tiso", disse Afarus.

Antes que ele pudesse continuar a falar, Ioni disse que eles não sabiam como matar um bicho com asas.

"Eu mandarei cozinheiros, que vos ensinarão como se pode matar sem dor um animal desses, e depois também como deve ser preparado, antes de ser colocado na cova de fogo."

Licos examinou as covas de fogo, constatando que em todas elas havia suficiente brasa, proveniente de lava, a qual deveria ser reavivada diariamente. Com esse objetivo, as covas deveriam ser enchidas até a metade com pedacinhos de madeira, a fim de que a brasa se conservasse. Também as covas de fogo para peixes deveriam ser enchidas de brasa quando os cozinheiros chegassem.

"Tão logo os outros voltarem, deveis explicar-lhes tudo, especialmente a respeito do fogo."

Sem que se falasse uma palavra, todos haviam assimilado bem as indicações de Licos.

"A lava foi um presente das salamandras, quando há tempos ocorreu uma erupção vulcânica. Como elas trouxeram as lavas incandescentes, não vimos", disse Licos. "Parece-me que, de tempos em tempos, novas partículas incandescentes chegam."

"As crianças humanas de outras regiões em redor da Terra também estão passando bem?" perguntou Ioni com curiosidade.

Licos respondeu:

"Elas estão tão bem quanto as daqui. Os babais amam, em todas as regiões, suas crianças humanas, cuidando e tratando delas o melhor possível. Quando as crianças alcançam uma determinada idade e começam a se tornar independentes, recebem, como vós, proteção e auxílio enteal."

"O número de crianças não é igual em todos os lugares. É só o que se pode dizer por enquanto", acrescentou Kintos.

Quando todos silenciaram, olhando ainda para os primitivos fogões, bem como para as cabanas de folhagem e junco, escutei novamente aquele bramido que parecia vir de cima. Já o ouvira na última vez que estivera reunida com meus acompanhantes.

"Estás ouvindo o bramido?" perguntei em pensamento para Licos.

Ele olhou para cima, explicando-me, depois, que todo o Universo estava cheio de espirais.

"É dessa forma, pois, que nós as vemos. Contudo, essas espirais são sistemas de galáxias. O bramido vem de diversas partes das galáxias. Além disso, existem por toda parte massas de gases em altas temperaturas. Ondas de rádio, provenientes de astros que explodem, movimentam massas de gases e provocam outros ruídos, cujos nomes são ainda desconhecidos, inclusive pelos cientistas da Terra. Estes possuem hoje, apesar de suas pesquisas, um fraco saber referente à física atômica e à astrofísica. Não devemos esquecer que todo o Universo vive! Bem podemos imaginar que as coisas não ocorrem lá em cima silenciosamente. Consideremos apenas que existem sóis no Universo cujas massas de gases alcançam bilhões de quilômetros..."

"O Sol terrestre é constituído de gases incandescentes, e as colossais erupções, que vossos astrônomos podem observar no Sol com seus instrumentos, também não ocorrem silenciosamente." Este último esclarecimento, Afarus deu para mim. Enquanto falávamos sobre o bramido no firmamento, Tiso e Ioni examinavam todas as covas de fogo.

"Os cozinheiros poderiam vir", disse Tiso um pouco sem jeito. Pois, na realidade, ambas as crianças não podiam fazer nenhuma ideia a respeito da palavra "cozinheiro".

"Avisarei nossa dirigente em alimentação para que vos mande sete cozinheiros. Sem dúvida, o mais breve possível", disse Licos.

Nesse ínterim, voltaram as outras crianças com os seus babais. Cada uma carregava nas costas um amarrado de junco enrolado com cipós. Até as crianças pequenas carregavam cipós finos enrolados em volta do pescoço, que eram tão resistentes que só podiam ser cortados com as facas de madeira. As facas de madeira tinham sido talhadas por um anão da floresta. Mas o fio das facas fora dado por Kintos.

Os anões das florestas nada têm a ver com os elfos das árvores. Eles têm cerca de um metro e meio de altura, usam macacões marrons com cintos largos na cintura e carregam duas bolsas de fibras, presas de tal forma uma à outra, que uma pende sobre o peito e a outra sobre as costas. Na verdade, muitos dos construtores da natureza carregavam essas bolsas bem práticas.

Os anões das florestas observavam quais as espécies de animais que se haviam fixado nas florestas e quais as plantas que nelas cresciam. Algumas delas eram comestíveis, essas eles colhiam, enchendo suas bolsas. Em certas épocas havia também muitos cogumelos comestíveis. Para os cogumelos eles utilizavam também uma grande bolsa de fibras. Quando nozes ou outras frutas estavam maduras, os anões das florestas logo entravam em contato com Gauê e Kintos, para que as crianças viessem e aprendessem quais as plantas e os cogumelos que podiam comer. E também quais as frutas destinadas aos animais. Não cuidavam somente dos seres humanos, mas também dos animais.

79

Licos chamou Ioni e Tiso e disse:

"Não vos preocupeis inutilmente com o ato de matar animais. Sois ainda muito pequenos para vos ocupardes com pensamentos inúteis. Os cozinheiros mostrarão todo o processo exatamente aos vossos pais. Quando fordes adultos, aprendereis tudo o que se relaciona com a vossa alimentação de carne."

Afarus, Licos e eu tínhamos de sair, por isso deixamos a recepção dos cozinheiros aos babais mais novos, bem como a preparação das aves. Os babais gravariam tudo exatamente e, quando chegasse a época, explicariam às crianças humanas, então já crescidas, como matar sem dor os animais e como preparar a carne para alimentação. Além disso, seria permitido matar apenas determinados animais. Pois tudo deveria acontecer assim como fora estabelecido na lei dos guias enteais para a matéria.

Quando tínhamos saído, as crianças resolveram buscar mais junco. Faltava ainda muito. Além disso, não era necessário que estivessem presentes à chegada dos cozinheiros. Provavelmente os cozinheiros prefeririam ficar a sós com os babais, ao lhes mostrarem como se preparavam as aves e tudo o que se relacionasse a isso.

Como mais tarde soubemos, vieram sete cozinheiros. Cada um trazia um pato gordo – talvez até fossem dois – em suas bolsas, nas costas. Um centauro viera e deixara-os perto da pequena aldeia. Logo depois desapareceu.

Os cozinheiros usavam roupas compridas de cor cinza-azulada e aventais do mesmo comprimento. Os patos que eles tiraram das bolsas já estavam mortos. Na cabeça, os cozinheiros usavam chapéus altos.

Já conhecíamos o processo de assar aves em covas de brasa. O pescoço comprido, as asas e os pés eram cortados. Através de um pequeno corte, na parte inferior, tiravam as vísceras, e o animal estava pronto para ser colocado, ainda com as penas, sobre um braseiro fraco de pedras incandescentes. Além disso, o animal era envolvido com barro quente, misturado com pequenos pedaços de lava incandescente. A cova de fogo era então tampada com uma pedra quente. As partes cortadas do pato eram guardadas, e no dia seguinte jogadas num pântano um pouco distante, para que os inúmeros bichinhos lá existentes se alegrassem com os bocados extras destinados a eles.

P ARECIA-ME QUE corríamos mais rapidamente, pois de repente chegamos até as proximidades de um mar, que eu ainda não conhecia. De início, vi apenas ondas da altura de uma casa. Somente os gigantes do mar podiam causar tais ondas. Tive a impressão de que as ninfas e outras criaturas aquáticas gostavam dos violentos movimentos da água, pois cantavam, quase uníssonas com o bramir das ondas, suas canções maravilhosas.

Afarus e Licos não fizeram nenhuma menção a esse respeito. Apenas disseram:

"Logo verás, mais uma vez, verdadeiros gigantes. Aliás, são construtores. Uma parte dos gigantes construtores menores já viste uma vez. Mas esses gigantes, que agora verás, trabalham na maior cadeia de montanhas da Terra. Falta somente uma pequena parte."

Os gigantes que eu então vi pareciam ser de uma espécie fora do comum. É indescritível como manejavam os colossais blocos de formas diferentes, colocando uns sobre os outros e juntando-os, de modo que davam a impressão de ser uma só peça. Por isso, não é de se admirar que muitos seres humanos acreditem que as montanhas cresceram da terra assim como são.

Licos apenas disse:

"A espécie e o tamanho do nosso povo enteal dependem exclusivamente do tipo de trabalho para o qual foram destinados."

"Gostaríamos muito de te mostrar uma parte do reino da rainha Gaia!" disse Afarus. "No entanto, o tempo que podes ficar conosco é sempre curto, razão por que sempre te pudemos mostrar apenas uma pequena parte dos acontecimentos que ocorreram durante bilhões de anos, desde a existência da Terra."

81

Apesar do pouco que me foi dado ver, aprendi tanto, que não sabia como expressar minha gratidão! Meus acompanhantes compreenderam. Pois sabiam que não era possível expressar minha gratidão com palavras. "A parte do Universo Éfeso, com suas miríades de astros, é de espécie grosso-material. Por isso, os seres humanos podem ver e observar tudo o que se passa nessa parte do Universo. Depois da matéria grosseira vem a mediana. Esta circunda o mundo de matéria grosseira. A matéria grosseira mediana é por sua vez circundada pela fina matéria grosseira. As matérias mediana e fina, nós, seres humanos, não podemos ver enquanto nos encontramos na Terra. As três matérias são estreitamente interligadas, apesar de cada uma existir por si. O reino da rainha Gaia está ligado às três matérias. Mesmo sendo de espécie enteal, ela não apenas é rainha, mas intervém também ajudando, onde auxílios extraordinários se tornem necessários.

O palácio da rainha Gaia compõe-se de várias edificações baixas, cujos telhados são cobertos com uma espécie de metal. O metal, efetivamente, não se vê, uma vez que todos os telhados são cobertos com uma camada de musgo, onde durante o ano inteiro nascem pequenas flores coloridas. O aspecto desses telhados é maravilhoso."

Licos e Afarus conduziram-me somente para uma dessas magníficas edificações. Não havia tempo suficiente para conhecer outras. O que eu vi de preciosidades é indescritível. Divãs, mesas largas e baixas, e cadeiras com encostos redondos. Os divãs estavam cobertos de almofadas de veludo e tafetá. Se assim eram, não sei; de qualquer forma se pareciam com tais tecidos. Além disso, eram enfeitados com fios de diferentes intensidades de brilho. Os quadros pareciam ter molduras de pedras preciosas, e continham desenhos maravilhosos.

"Não podemos nos demorar mais aqui, pois ainda existem muitas coisas para ver. Queremos que conheças, pelo menos, uma pequena parte."

Dirigimo-nos a um grande jardim, onde cresciam árvores de beleza extraordinária, como eu nunca havia visto. Do jardim, vi um grande lago, bem como vários outros menores, e por toda parte, por onde quer que eu olhasse, brotavam as mais maravilhosas flores. Todas aquelas que vi tinham metros de altura.

Licos chamou-me a atenção para diversas árvores menores, cujos galhos pendiam até o chão, carregados de frutas. Para minha alegria, vi no jardim algumas fadas das flores, como Afarus me explicou. Uma delas veio nos cumprimentar. Foi-me permitido tocar no seu vestido, pois fiquei olhando, admirada, para as cores que eu nunca havia visto. Tive a impressão de que o tecido era veludo, mas não era na realidade. Tratava-se de um material feito de flores e folhagens. O rosto da fada era de um branco delicado. Seus cabelos, longos e encaracolados, estavam presos na nuca por uma fivela de pedras preciosas. Antes de se afastar, deu-me uma fruta que não ousei comer. O que, por fim, ainda me chamou a atenção, foi ela andar com os pés descalços, sobre o gramado macio de cor verde-escura.

"Ao lado de uma das lagoas estás vendo moços, tão belos como as fadas. Considerando-se, evidentemente, sua espécie masculina. Usam uma roupa de trabalho marrom-esverdeada. A calça é larga, chegando aos joelhos, e o blusão, sem mangas, é do mesmo tecido. De longe não se pode ver de que material, maravilhosamente tecido, essa roupa de trabalho foi confeccionada. A roupa dos moços deve ser cômoda, pois eles recebem sementes às toneladas, de todas as espécies, que devem ser selecionadas, para depois serem conservadas em caixas de uma palha especial, até que sejam utilizadas."

Essa explicação foi-me dada por Afarus, que logo continuou: "Olha para o sol nascente, lá verás muitas edificações baixas. Todas são locais de trabalho, onde quase tudo de que se necessita é feito pelos artífices enteais. Digo artífices, pois o trabalho deles é sempre belo e perfeito. Nas casas de trabalho são feitos móveis, artigos de vidro, os mais variados tecidos para roupas e enfeites de todos os tipos. A rainha e suas colaboradoras usam, todas elas, joias maravilhosas. E já que ela considera todos os enteais – como, por exemplo, todos aqueles que construíram o planeta terrestre – seus colaboradores, cada um deles recebeu uma preciosa joia. Nas casas de trabalho preparam-se também alimentos não perecíveis. Logicamente, apenas os que se destinam ao povo enteal."

"Nossos alimentos não podem ser comparados com os alimentos humanos", disse-me Licos.

"Também nunca pensei que comêssemos as mesmas coisas. Pelo contrário. Pois sei que os enteais só formam a base para que nós, seres humanos, enfim, tenhamos algo para comer."

Licos acenou contente e disse:

"Dentro de ti, Isa, vive a verdadeira sabedoria!"

De repente ouvimos, ao longe, um grande barulho misturado com o som de trombetas e fanfarras. Afarus e Licos puxaram-me rapidamente para a larga estrada diante do palácio real. Eu, porém, não via nenhuma estrada e nem de onde vinha o barulho.

"Estamos na estrada", disse Licos. "Ela está coberta por um musgo permanente e em ambos os lados estão plantados arbustos floridos. Em virtude de a estrada ser muito larga, pode-se pensar facilmente que se trata de um amplo e bem cultivado jardim.

É a valquíria 'Lephasa', com quem a rainha volta de uma viagem. Somente Lephasa possui essa singular música de fanfarras. Preciso intercalar aqui ainda", disse Licos, "que além das fadas das flores e dos moços, denominados 'ics', ainda muitos outros entes, pequenos e grandes, trabalham nos vastos jardins, onde criam novas espécies de flores".

"Agora elas estão chegando!" exclamou Afarus. "Desta vez voam bem alto."

Via-se como lentamente desciam, aterrissando bem perto de nós. Era a valquíria Lephasa com sua montaria, "Iumim". Nesse ínterim chegaram quatro pequenos servos com quatro banquinhos almofadados, que podiam ser colocados um em cima do outro, a fim de que a rainha pudesse descer comodamente da montaria da valquíria.

A aparência da rainha Gaia era maravilhosa. Com seu rosto branco como neve, os singulares olhos escuros e o vestido de flores da cor do sol, ela me parecia uma figura de lendas. Também a valquíria Lephasa era de rara beleza, embora de espécie totalmente diferente.

O rosto dela era moreno-dourado, e os cabelos tinham um tom de cobre, que não se vê na Terra. A larga testeira, brilhando com pedras preciosas, parecia-se com uma pequena coroa. Seus cabelos, como os da rainha, pendiam nas costas, e estavam presos na nuca com uma fivela também de pedras preciosas. Seu longo vestido era de um azul que também não existe na Terra.

A valquíria era alta e parecia ser muito forte, enquanto a rainha era muito delicada e graciosa.

Nós três nos havíamos escondido atrás de um arbusto florido. Enquanto ainda pensávamos como deveríamos comportar-nos, a rainha já se acercava, colocando sua mão no lado do coração de cada um de nós três, como saudação. Depois, ainda tocou meu rosto e minhas mãos. Acenou-nos então, e saiu, seguida da valquíria que também sorriu para nós, acenando. Entraram no palácio, circundadas por fadas das flores, as quais também tinham vindo para a recepção.

Difícil de descrever é o animal de montaria, parecido com um cavalo, e que era denominado Iumim. Ele era um pouco menor, segundo me disseram, do que os que vivem em Valhala. Lá, certamente, também as belas valquírias são muito maiores.

Esses animais nunca tocavam o solo, visto que não tinham patas. Tinham, sim, quatro pernas, das quais, no entanto, cresciam largas e duras penas, cortadas de forma reta nas pontas, de modo que quando as penas estavam abertas eles podiam manter-se a cerca de meio metro acima do solo. Além disso, os grandes animais de montaria das valquírias possuíam seis grandes asas, as quais podiam ser abertas amplamente. Formavam, dessa forma, um firme apoio para os corpos enteais daqueles guerreiros mortos, dignos de tal honra, sendo carregados pelas valquírias para Valhala.

Apenas posso descrever como sendo um animal de montaria, e também isso somente de modo precário, visto que me faltam as palavras para tanto. O animal conduzido pela valquíria Lephasa possuía uma cabeça bem pequena, com uma crina aurifulgente, em cujas pontas pendiam pequenas bolas de ouro. Sua cauda, que alcançava o solo, era entrelaçada com fios de algum metal brilhante que não conheço.

Sete espécies diferentes de animais de montaria estão à disposição das valquírias. E todos têm aparências diferentes. Todas as valquírias são muito bonitas. Sentam em sua montaria, como as senhoras montavam antigamente, e entre duas das asas. Certa vez foi-me mostrado como um guerreiro, terrenamente morto, foi transportado com o seu corpo enteal vivo, que cada ser humano possui. Ele estava deitado sobre o largo dorso do animal, enquanto a valquíria segurava a parte superior do corpo e a cabeça dele contra o seu peito. Ele vivia, mas ainda estava muito fraco. Em Valhala seria entregue aos médicos, que então decidiriam a seu respeito.

No decorrer do tempo, houve tantas guerras, mas apenas poucos foram dignos de ser carregados por valquírias até Valhala.

"É muito difícil descrever, mesmo aproximadamente, a missão das valquírias", disse Afarus.

E Licos acenou confirmando.

"O planeta terrestre que nós, enteais, construímos com toda a beleza, pois deveria tornar-se a pátria dos espíritos humanos e a alegria de todos, tornou-se hoje um lugar imundo, de pavor e de sofrimento, sob o domínio dos seres humanos!"

"Ouvi dizer que a Terra treme sempre, embora levemente. Não deveria ser isso uma advertência para os seres humanos? Os astrônomos constataram oitenta mil tremores por ano." Afarus e Licos entenderam o que eu lhes comunicara. Contudo, nenhum deles deu uma resposta.

"Antes de nos separarmos, queremos mostrar-te ainda os corais coloridos que crescem na beira de um mar tropical. Quando nos virmos na próxima vez, esse mar, provavelmente, não mais existirá. Pois está prevista uma transformação da Terra, ocasião em que ele desaparecerá."

Nós três nos encontramos muitas vezes, desde que nos conhecemos, embora entre nossos encontros se tenham passado milhões de anos.

Os corais tinham formas singulares e muito bonitas. Eram predominantemente vermelhos, mas existiam também muitos azuis e brancos. Tinha-se a impressão de que os corais viviam no meio de florestas de algas. Viam-se também incontáveis animaizinhos, maiores e menores. O enteal mostrou-me um exemplar especialmente bonito de um coral azul e vermelho. Eu já queria perguntar de que se compunham esses numerosos corais coloridos, que pareciam joias. Então ouvi, em meu íntimo, que eles eram de calcário.

"O fundo do mar, um dia, será de grande utilidade para os seres humanos", ouvi de um de meus acompanhantes.

"Será que as transformações acabarão um dia?" perguntei.

"Certamente", disse Licos. "Vivemos na época em que, brevemente, ocorrerão as últimas transformações no planeta Terra. Os seres humanos terrenos denominam tais modificações de 'catástrofes da natureza', aliás bem acertadamente, visto que esses deslocamentos terrestres terão, de fato, um efeito catastrófico para muitos seres humanos."

O mar parecia-me tão vazio, ao contrário de outras vezes. Pois sempre que nos aproximávamos, vinham até a praia tantos animais diferentes, e já de longe ouvíamos o canto das ondinas e os alegres sons dos cavalos-marinhos.

"Suponho que os habitantes do mar, em sua maior parte, foram conduzidos, através dos grandes rios, para outras regiões", disse Afarus.

E continuou falando:

"Muitos astros estão interligados entre si, inclusive com a Terra. Cada uma das sete partes do Universo, com seus incontáveis astros, possui uma central de energia, ou, como frequentemente se diz, 'um conjunto de sete astros'.

A central de energia é constituída de sete sóis, que possuem uma força de irradiação impossível de descrever. Além disso, é circundada por inúmeros sistemas estelares. Esse sistema de energia é mais do que imponente."

"Muito aconteceu, durante bilhões de anos, que não te mostramos, visto que não diz respeito à tua missão", explicou Licos. "Disso faz parte a era glacial, de longa duração, que atingiu especialmente a Sibéria, o norte da Europa, a América do Norte e as regiões polares. De algum modo, toda a Terra sofreu as consequências dela. Pelo que sabemos, toda sorte de teorias são criadas com relação às causas que teriam desencadeado tal era glacial.

A era glacial foi desencadeada pela força de irradiação da central de energia. Essa central é regida por um descendente de Urano, e que também provém do reino de Wotan. Na Terra jamais haverá um instrumento com o qual se possa observar a central de energia da parte do Universo Éfeso. Contudo, os mais variados efeitos serão sentidos no futuro. A era glacial permaneceu por muito tempo. Depois, a temperatura se elevou e, quando o gelo derreteu, vieram as grandes inundações, trazendo consigo sempre grandes purificações."

"Por que teve de haver uma era glacial tão horrível?" perguntei em pensamento.

"Por quê? Tua pergunta é justa. Os animais gigantescos tinham-se multiplicado tanto, que não teria havido nenhum lugar sossegado para os seres humanos. Não se trata dos sáurios primitivos; os esqueletos deles há muito já se haviam dissolvido para sempre no fundo do mar.

Por toda parte, onde os animais gigantes se alastravam, teve de ser feito algo. Somente o gelo e todos os transtornos daí decorrentes poderiam remediar a situação. Havia animais gigantescos, de pelo comprido, cujas peles resistiam a tudo. Só não resistiam ao gelo. Os nomes dos animais daquela época, que tinham de sair da Terra, tu desconheces. Talvez já tenhas ouvido falar a respeito dos mamutes gigantes com suas peles espessas, ou dos ursos e búfalos gigantes e peludos... Todos esses estavam por toda parte. Muitos animais menores foram salvos, apesar da longa era glacial. Existiam muitas grutas escondidas. Cavernas fundas dentro da terra, sem dúvida cavernas quentes, visto que lá ainda havia lava incandescente, proveniente de vulcões subterrâneos.

Muitos pássaros encontraram refúgio em velhas árvores ocas. Não morreu nenhum animal que não devesse morrer", disse Licos. "Já esqueceste os tantos guardiões e protetores de animais? Nos reinos dos enteais não existe injustiça. Bem antes que as assim chamadas catástrofes tenham de se desencadear, é cuidado para que só sejam atingidas aquelas criaturas que se tornaram nocivas. E isso aconteceu.

O frio daquela época era imenso, mas mesmo os animais de peles grossas não sofreram. Deitaram-se para dormir, de dia ou de noite, e durante o sono congelaram. O que sobrou foram montões de gelo", acrescentou Licos.

"Esqueceste de mencionar os inúmeros répteis, que haviam aumentado de maneira horrível", lembrou Afarus.

"Tens razão, Afarus. Aqueles horríveis répteis viviam principalmente nas praias dos mares. Tinham algo de serpente em si, embora possuíssem pernas curtas e uma cabeça como a dos crocodilos. Nos tempos primitivos havia animais semelhantes. Apenas muito maiores e com leques de espinhos. Além disso, os daquela época tinham três olhos. Essa espécie, no entanto, desapareceu totalmente do solo terrestre.

Os répteis que mencionaste também encontraram a morte através do gelo, o qual atingiu a região onde viviam. Essa espécie de animais teve de desaparecer, pois se alimentavam de filhotes recém-nascidos de animais inofensivos de outras espécies."

"Lembrei-me das serpentes, das quais falaste numa reunião anterior. Elas também foram extintas?" perguntei a Licos. "Nós não apenas falamos delas, mas até as vimos. Estavam em posição ereta, no mar, olhando para nós!"

"Eu me lembro", respondeu Licos. "São as serpentes de cor amarela e marrom, com a metade do corpo tão desproporcionalmente grande. Não, elas têm inimigos naturais no mar. São peixes maiores ainda do que vossos tubarões, que se alimentam com essas serpentes. Aliás, o congelamento não foi identicamente forte em todas as regiões. Mas quando acabou, restava ainda gelo em todas as depressões mais fundas entre as montanhas.

As prolongadas eras glaciais, que não se efetivaram uniformemente por toda parte, devem evidentemente constituir um enigma para os seres humanos. Pois as forças que outrora construíram o mundo terrestre para eles, com tanta dedicação e amor, tornaram-se agora estranhas para eles.

Haveria ainda muito que poderíamos contar-te sobre a Terra, seus construtores e os tantos animais que viveram durante os bilhões de anos, e também sobre os vestígios que deixaram.

Supomos que algum dia, no lugar do deserto do Saara, surja um mar, pois já agora se encontra no fundo, debaixo da areia, uma grande extensão de água. Um astro como a Terra está sujeito a constantes transformações. E isso é absolutamente necessário. O 'porquê' jamais poderá ser explicado à humanidade."

"Já contamos tanto a Isa, e também explicamos muitas coisas sobre a era glacial, que suponho que ela agora queira ouvir algo a respeito de Ioni e de Tiso", disse Afarus, sorrindo.

Licos deu-lhe razão, dizendo, porém, que Isa deveria saber o máximo possível a respeito do trabalho dos enteais.

"Pois fomos nós, os enteais, que construímos o mundo em que os seres humanos vivem. Sim, fomos exatamente nós que preparamos para os seres humanos a pátria, onde podem continuar a se desenvolver! Por exemplo, ela também sabe agora que o deserto do Saara desaparecerá algum dia."

"E, ao contrário da humanidade terrena de hoje, para ela é absolutamente natural que, algum dia, lá esteja um mar, em lugar do deserto; é para ela também natural que agora trabalhem, sem cansar, desde o maior gigante da terra e das pedras até o menor anão, a fim de que o plano determinado por poderes superiores para a Terra possa ser cumprido."

Foi Afarus que proferiu essas palavras, dirigindo-as a mim.

Devo acrescentar que a voz dele se altera completamente ao falar da humanidade. Eu gostaria de saber o porquê. Ele havia assimilado a minha pergunta, contudo não me deu resposta; pelo contrário, olhou-me tristemente. Eu sei quando ele está triste, pois sua voz soa de modo diferente, até seus olhos se alteram. Eu gostaria realmente de saber o porquê, mas fiquei calada e não emiti a minha pergunta.

"NOVAMENTE SE passou um longo tempo desde que vimos os babais, Ioni, Tiso e as outras crianças com seus pais, na região que tinha sido preparada para eles. Enquanto estavas em tua casa, fomos ver as demais regiões, onde babais e novas crianças humanas viviam. Encontramos, por toda parte, tudo em ordem e até certo progresso. A respeito das crianças humanas pareceu-nos que cada uma delas tinha trazido consigo uma certa característica. Um menino de dez anos, por exemplo, esculpia gamelas e plaquinhas de madeira. A madeira, logicamente, ele recebera de um enteal entendido em madeiras, que sabia exatamente para que serviam as diferentes espécies...

Outros meninos e meninas plantavam cânhamo nas baixadas úmidas. Certa vez um anão maior – era o anão que sabia como confeccionar tecidos de fibras de plantas – explicou-lhes como deveriam tratar das plantas, para que pudessem fazer tecidos com elas.

Uma grande conquista daquela época foi o barro! De início somente as crianças brincavam com ele, fazendo pequenas figuras, bem como bolinhas para brincar, misturando barro com água. Essas crianças, que desde pequenas moldavam toda sorte de recipientes de barro, ao se tornarem adultas foram instruídas em todos os sentidos por enteais especialistas em barro, a fim de confeccionar resistentes e belos vasilhames.

É difícil descrever com que alegria e dedicação os respectivos enteais auxiliavam os jovens seres humanos que mostrassem interesse por alguma atividade, conduzindo-os muitas vezes até lugares distantes, onde podiam encontrar os necessários minerais.

A região que conheceste foi aquela destinada à raça branca. Tu só pudeste desprender-te de teu corpo de matéria grosseira durante pouco tempo, razão por que não chegaste a conhecer as outras raças.

Logicamente nem todos os espíritos humanos se desenvolveram uniformemente. Eles, na maioria, foram aplicados, tinham sede de saber e também estavam sempre prontos para ajudar outros que necessitassem de auxílio."

"Eu gostaria de ver Ioni e Tiso", disse para Afarus e Licos.

Ambos me olharam surpresos, sem dizer nada durante um longo tempo. Fiquei preocupada, embora sem saber por quê.

"Certamente os dois se casaram", falei incerta.

"Sim, casaram-se, mas demorou muito até compreenderem que uma união corporal era necessária. Afarus teve muito trabalho com os dois. Tinham quase trinta anos e era visível que se amavam. Eles viviam numa casa firme de troncos de árvores, que haviam conseguido erigir com a ajuda de um enteal construtor. A casa tinha várias dependências e era coberta com uma camada de capim seco, de quase um metro de espessura."

"Eu gostaria de vê-los."

Afarus e Licos acolheram naturalmente meu desejo. E nada lhes restou a não ser dizer-me que Ioni e Tiso já há muito não mais se encontravam na Terra. Eles haviam alcançado quase cem anos de idade.

Fui tomada de pavor ao ouvir isso. Mas, depois de algum tempo, recomeçou, aparentemente, a funcionar a minha capacidade de pensar, e tornei-me consciente de que, desde nosso último encontro, haviam-se passado milênios.

"Ioni e Tiso tiveram um filho e uma filha. Chegaram também netos. Sabemos apenas que eles foram muito felizes, e que, enquanto viviam, veneravam e amavam o povo enteal. Os animais eram para eles os companheiros mais queridos.

Os habitantes das outras regiões, em parte, ficaram juntos e casaram-se também, enquanto pequenos grupos saíam para conhecer a Terra. Subiam as montanhas, chegando geralmente a regiões totalmente estranhas. Não sentiam medo, apesar dos violentos temporais que às vezes desabavam. Confiavam nos enteais, como seus antepassados. A maioria deles possuía pequenas flautas ou pequenas cornetas, que seus antepassados, ainda crianças, haviam recebido dos protetores enteais. Essas crianças de outrora só precisavam soprar em suas pequenas flautas ou cornetas quando tinham medo de algo ou quando haviam perdido o caminho de casa. Embora esses pequenos instrumentos musicais já estivessem muito gastos, eram conservados com toda a honra. Mesmo agora, alguns enteais ainda vinham em auxílio quando eles, de repente, enfrentavam grandes animais desconhecidos. Nunca, porém, ocorreu que um animal se tivesse mostrado hostil."

"Eu sei", disse Afarus, "que alguns desses animais, pelo menos seus descendentes, apesar de algumas 'catástrofes menores da natureza', ainda hoje vivem na Terra. Sem dúvida vivem em constante medo do ser humano que os persegue e caça, por ser de opinião que os animais não têm nenhum direito de viver na Terra".

Licos viu que meus olhos se encheram de lágrimas. Então ele começou a rir, dizendo que se havia esquecido de contar uma coisa alegre:

"Quando visitamos os seres humanos de pele escura, vimos as emas, aves corredoras, de mais de um metro de altura, de dorso muito largo e com grandes asas, mas cujos pescoço e cabeça eram pequenos em comparação ao corpo."

Nesse momento Afarus também começou a rir. Esqueci minha tristeza, aguardando atentamente o que se seguiria.

"Pequenos cavaleiros estavam montados nas emas", disse Licos. "As grandes aves corredoras carregavam, em seus largos dorsos, crianças de cerca de dois anos, entre as duas grandes asas. Mesmo quando as emas corriam mais depressa, com seu passo oscilante, não havia nenhum perigo para as crianças. Pois tinham seus pezinhos presos entre as asas, enquanto seus bracinhos ficavam sobre elas. Quando sua montaria corria rápido demais, elas se seguravam nas asas."

"Tinham a pele bem escura, e os rostos dos adultos e das crianças eram bem-proporcionados. O que mais me chamou a atenção foi o forte brilho de sua pele escura. Todos tinham cabelos pretos, encaracolados e muito bonitos. As mulheres usavam-nos compridos e amarrados na nuca com um cipó florido. Os homens e as crianças mantinham curtos seus cabelos, igualmente encaracolados. Deviam crescer somente até a nuca. Tão logo alcançassem esse comprimento, as mulheres os cortavam. Haviam visto essa maneira de usar os cabelos em alguns enteais, que lhes tinham mostrado como tratar da terra, para que as semeaduras se desenvolvessem bem.

Gostei de tudo o que vi nesse povo de pele escura. Somente uma pequena diferença: os cabelos não eram tão finos como nos demais grupos humanos, contudo só se percebia isso ao tocá-los."

"Descreveste corretamente esses seres humanos", disse Licos.

"Uma vez que Isa chegou a conhecer os primeiros seres humanos, podemos contar-lhe como foi difícil explicar a eles que, com um determinado grau de maturidade, receberiam um guia espiritual. Cada pessoa recebia um, que lhe daria a mesma ajuda, quando pedisse auxílio, como até agora havia ocorrido junto aos enteais", disse Afarus. "Na época em que os primeiros seres humanos pisaram na Terra, eles recebiam um guia ao alcançarem a idade de vinte anos." Depois acrescentou:

"No mundo em que agora vives, Isa, só existem crianças precoces, que perderam sua infantilidade; no entanto, ainda não são adultas. Elas se encontram, por assim dizer, num degrau intermediário. Apesar disso, já recebem guias espirituais."

"Quando, naquela época, transmitimos a um grupo de moças e moços, de vinte anos de idade, a notícia dos guias espirituais, todos ficaram inicialmente calados. Sim, sentimos até que um medo repentino tomou conta deles. Senti intuitivamente que eles, literalmente, se agarravam aos enteais que até aí tinham estado ao lado deles, ajudando-os. Por medo de que os desconhecidos guias espirituais considerassem seus protetores de até então como não sendo mais necessários", disse Licos.

"Não sabíamos de que forma lhes transmitir essa novidade. Mesmo Ioni, que sempre assimilava melhor tudo o que lhe ensinávamos, parecia não querer passar o lugar dos seus protetores de até então para outros. Algumas moças começaram a chorar, tinham medo de ficar abandonadas."

"Não nos perdereis! Recebereis algo mais, adicionalmente! Aliás, espíritos auxiliadores, de vossa própria espécie!"

"Podemos ver esses espíritos auxiliadores?" tinha perguntado Ioni.

"Que eu saiba, não! Mas eles assimilam vossos pensamentos e desejos, da mesma forma como nós. Também nos podeis ver apenas raramente!" explicara-lhes Licos.

Depois desse encontro, Afarus e Licos saíram para refletir sobre o que ainda poderiam fazer.

"Pediremos um conselho à rainha Gaia. Ela é sábia e experiente." Afarus deu razão a Licos. E pouco depois um centauro os levou ao reino de Gaia. Ambos sempre podiam chegar até a rainha. Não precisavam se fazer anunciar.

A mãe da Terra, como a rainha muitas vezes era chamada, nunca estava desocupada. O trabalho era para ela necessidade vital. Ela recebeu Afarus e Licos numa das casas de trabalho que, tal como várias outras, estava envolta totalmente por arbustos floridos muito especiais. Nas paredes desse local de trabalho pendiam compridas amostras de tapetes de seda. A rainha e duas fadas das flores estavam sentadas diante de uma moldura de formas notáveis, trabalhando em peças compridas, que, depois de unidas, formariam um maravilhoso tapete. No chão estavam sentados vários anõezinhos, bem jovens, que se ocupavam com diversos rolos coloridos de fios de seda. Digo anõezinhos jovens, já que seus rostos se assemelhavam aos rostos de nossas crianças. Provavelmente não são chamados de anões, mas, já que não conheço seus outros nomes, tenho de denominar assim essas criaturas de um metro de altura.

Licos e Afarus, depois dos cumprimentos, contaram à rainha sobre as jovens criaturas humanas que recusavam guias espirituais.

"Temos a impressão de que elas se agarram a nós, enteais, quase com medo. Elas nos conhecem, podendo às vezes também nos ver. Mas dos guias espirituais, que nem podem ver, não querem saber."

A rainha escutou, sorrindo, também os demais argumentos que os jovens seres humanos haviam apresentado a eles. A seguir mandou servir aos dois visitantes um delicioso pirão de frutas e, quando ambos haviam comido, deu-lhes o único conselho que considerava eficaz:

"Perguntai aos jovens o que pensam de Afarus."

No primeiro momento ambos não entenderam o que a rainha esperava com isso. Mas, logo depois, souberam o que ela pretendia com tal pergunta. Pediram desculpas, por não terem reconhecido logo a sabedoria da rainha, contida nessa breve pergunta.

Não demoraram muito no reino de Gaia; pelo contrário, logo após terem respondido algumas perguntas da rainha, puseram-se a caminho de volta.

No dia seguinte, convocaram os adultos a fim de falar com eles mais uma vez sobre a condução espiritual. Afarus tinha a impressão de que eles estavam envergonhados por causa de sua relutância do dia anterior.

"Ontem dissestes, franca e abertamente, que não gostaríeis de ter seres humanos, como Afarus, em vossas proximidades!" disse Licos.

"Não, não! Isso não dissemos, nós todos amamos Afarus e desejamos que ele, juntamente com Licos, sempre fique conosco!" exclamaram.

"Muito me alegra que a minha presença não vos seja desagradável", disse Afarus contente. "Isso facilita muitas coisas", acrescentou ainda.

Subitamente Ioni se levantou e pediu a Afarus e Licos que lhe perdoassem. Depois se dirigiu aos presentes da melhor forma que podia, pois conheciam somente as palavras que Afarus lhes havia ensinado. Porém, em conjunto com os sinais de mímica, podiam entender-se bem.

Ela indicou para Afarus, dando-lhes a entender, o melhor possível, que o guia espiritual que cada um receberia individualmente teria uma grande semelhança com Afarus. Todos os guias espirituais seriam identicamente pacientes e condescendentes, como era Afarus desde que o tinham conhecido.

"Os guias espirituais também estão sempre prontos para ajudar, quando solicitados."

"Parece-me", disse Licos para Afarus, "que os guias espirituais dos seres humanos terão de ser muito pacienciosos."

Afarus acenou sorrindo.

Licos e Afarus entenderam-se, como sempre, sem proferir palavras, razão por que os presentes nem perceberam que os dois haviam falado um com o outro. Mas todos os que ali estavam sabiam que os dois conversavam sem pronunciar palavras. Também a maioria deles podia entender-se com Licos e os outros enteais mediante a "linguagem de pensamentos", como denominavam o falar calado. Nem sempre se entendiam perfeitamente, porém era uma grande ajuda para os jovens seres humanos, que já desde pequenos eram protegidos e ensinados pelos enteais.

Quando, então, tudo estava arranjado a contento de todos, Afarus e Licos despediram-se, já que outras incumbências os esperavam. No momento em que ambos estavam prestes a sair, chegou um "corredor da floresta" a toda a velocidade, avisando que água quente estava saindo da terra, com pressão, jorrando alto para o ar. Ele tinha nas mãos uma muda de árvore frutífera que fora morta pela água quente. O corredor da floresta girou em círculo, com os braços levantados, indicando com as mãos tudo o que Licos queria saber.

"Os seres humanos chamam o corredor da floresta de Pan, afirmando que ele tem apenas uma perna. Por que supõem que ele tenha apenas uma perna?" perguntou Licos.

"Por que eles assim procedem é para mim inexplicável", respondeu Afarus.

"Qual é a aparência do corredor da floresta?" perguntei. "Eu sei que havia um ente, chamado Pan."

"Então sabes certamente qual é a aparência dele", disse Licos, olhando-me interrogativamente.

Depois saiu.

"Num desenho que vi", comecei, "Pan parecia-se com um bode. A parte superior, inclusive os braços e a cabeça, tinha forma humana, apenas a pele era marrom-escura. Seus cabelos pretos, curtos e encaracolados, cresciam até a metade da testa. Onde começava a cabeça, viam-se dois cornos curtos. Os olhos assemelhavam-se aos dos centauros, que eu havia visto durante as nossas reuniões. Evidentemente tinha duas pernas, duas pernas de bode."

"Exatamente assim é a aparência desses entes", disse Afarus.

"Onde está Licos?" perguntei, ao ver que não voltava.

"Ele deve estar consultando um entendido em vulcões, a fim de saber se a fonte quente não poderia ser transferida para outro local, já que, se ali permanecer, todas as árvores frutíferas recém-plantadas fenecerão.

Os enteais que trabalham dentro da terra podem fazer isso, sim. Contudo, requer naturalmente muito trabalho transferir a fonte de água quente. Licos está vendo agora o que pode ser feito. Pan levou-o para lá. O trajeto até o local será um pouco difícil para Licos, pois, segundo sei, os corredores da floresta só podem movimentar-se correndo."

"Os seres humanos construíram casas sólidas durante o tempo em que não nos vimos, quer dizer, casas de troncos de árvores, com aberturas para janelas?"

"Sim, e então logo aprenderam algo a respeito das leis de construção", respondeu Afarus. "Nem precisamos ir longe, e já verás algumas casas sólidas que foram habitadas por descendentes dos primeiros espíritos humanos que se encarnaram na Terra."

Em pouco tempo chegamos à primeira casa. Ao todo contei seis.

"Por que elas estão tão distantes umas das outras?" perguntei.

"É porque numa casa habitada por apenas poucas pessoas, estas se desenvolvem melhor e mais rapidamente, já que pensam mais, chegando a novas ideias que lhes facilitam a vida diária." Logo lhe dei razão, pois morando bem próximas, seria inevitável que em cada momento livre ficassem sentadas juntas, falando e falando, ao invés de pensar como poderiam melhorar a sua vida.

Afarus acenou concordando:

"Vejo que todos os habitantes das casas estão trabalhando nos seus campos. Agora a época é boa para semear. Também já vejo nuvens, pois tão logo as sementes estiverem na terra, os enteais lhes mandarão chuvas. Vem, vamos ver aquela casa."

Era uma casa grande, feita de troncos de árvores não muito grossos. Os troncos tinham todos o mesmo diâmetro. O telhado era feito com camadas de capim seco, cuja espessura era de quase um metro, pendendo meio metro para fora das paredes. Esse telhado era tão bonito e tão uniformemente coberto, que logo se percebia a ajuda dos enteais.

"Observa a porta. Foi colocada exatamente no meio da casa, aliás no lado norte. Qualquer porta de entrada tem de ser colocada no lado norte. Auxiliadores espirituais ou enteais aproximam-se sempre pelo lado norte. Por que assim é, não posso explicar-te com poucas palavras."

Agradeci e prometi retransmitir o novo conhecimento onde fosse possível. Logo depois, perguntei como se dormia melhor. Isto é, com relação aos pontos cardeais.

"Na direção 'leste-oeste' devem situar-se as camas. Então não importa se a cabeça ou os pés estejam no leste. Essa é a regra dos enteais, contudo mais tarde muitos preferiram dormir em outra direção, como ocorreu na Atlântida e em outros lugares também. Os seres humanos daqui nos proporcionam muita alegria. Neles se encontra o impulso para a ampliação de reconhecimentos mais profundos. É como um lento acordar espiritual, dentro do mundo material no qual agora se encontram."

Ainda não sabemos como estão os outros grupos, que foram estabelecidos em diferentes regiões da Terra. Um enteal da espécie de Licos se encontra em suas proximidades, para quando necessitarem de ajuda ou de explicações. Também um espírito humano, como eu, está sempre pronto para orientar por caminhos certos o seu progresso espiritual e o impulso para coisas novas, cada vez mais presentes.

Os agrimensores enteais têm tido ultimamente, mais uma vez, muito trabalho. São os chamados nacitas. Proximamente haverá uma grande transformação da Terra. Contudo, antes que ela se efetive, os nacitas, com incansável perseverança e perfeição, e com exatidão matemática, determinarão a direção e os locais em que o acontecimento deverá realizar-se. Nem o mínimo detalhe será deixado de lado. Cada modificação da Terra se processa segundo um plano determinado. Existe uma verdadeira pilha de tais planos, uma vez que a mínima alteração da imagem da Terra deve realizar-se segundo o respectivo plano. Evidentemente, torna-se facilmente compreensível que os planos elaborados para a Terra, e as medições desenvolvidas pelos nacitas, em nada se assemelham aos trabalhos humanos de medição. Os enteais possuem instrumentos tão exatos, que precisam apenas de pouquíssimo tempo para alterar o quadro topográfico previsto."

"É uma lástima inimaginável que os seres humanos, hoje, tenham esquecido completamente os enteais. Quanto não poderiam ter aprendido com eles. Basta apenas pensar no céu estrelado. Cada astro foi construído pelos enteais, portanto são eles os únicos que tudo sabem a respeito das estrelas. Licos disse-me, certa vez, que existem astros habitados por enteais, principalmente bem jovens, que passam lá um determinado tempo de aprendizagem. E Licos disse ainda que nesses astros são cultivadas flores raras, aliás, aquelas que a rainha da Terra recebeu de mundos superiores. Talvez estas também cheguem até nós, quando a Terra estiver purificada."

Afarus escutara o que eu havia dito, e ele sentia a mesma tristeza que eu. Os seres humanos estavam negando o povo enteal, que lhes havia construído a pátria terrestre.

"Tenho um pressentimento de como se o destino deles já estivesse selado. Quero dizer, o destino dos seres humanos; por isso deixa-me triste, até, falar deles."

Nesse momento chegou Licos montado num pequeno cavalo, que os protetores dos animais estavam amansando para os enteais. Digo para os enteais, pois – quando me aproximei de um dos cavalos mansos, a fim de montá-lo – ele me empurrou para o lado com a cabeça. Parecia que reconheciam pelo cheiro que eu não fazia parte do povo a quem queriam servir.

"Agora temos de levar-te embora, mas dentro em breve estarás novamente conosco, pois queremos que vejas coisas não apenas interessantes, mas também instrutivas sobre nossa maneira de trabalhar quando se trata de acontecimentos especiais."

Dessa vez eu não fiquei tão triste como em geral, quando tive de sair. Pois me seria permitido voltar em breve, e não apenas após milênios ou milhões de anos...
 Realmente, passados poucos dias, eu estava novamente reunida com meus acompanhantes. Ainda não sabia como isso se realizava, de nos reencontrarmos nos lugares mais distantes. Eu bem que sentia intuitivamente o momento em que deixava meu corpo de matéria grosseira durante o sono, mas depois nada mais sabia. Eu apenas tinha a consciência de que me encontrava fora de meu mundo de matéria grosseira e dentro da matéria grosseira mediana. E nesse mundo, tudo, evidentemente, se realizava muito mais depressa. Contentava-me com isso e estava, como sempre, grata por poder reunir-me com meus queridos acompanhantes.
 Nessa ocasião nos encontramos numa colina comprida, coberta de coníferas. Havia, porém, muito mato entre as árvores, de modo que era difícil caminhar. Como sempre, foi-me permitido contemplar as suas vestes. Ambos usavam agora calças compridas,

jaquetões justos e botas. Na verdade, eram roupas feitas de "couro de seda".

"Estás vendo direito", disse Licos. "É uma espécie de tecido de couro, no qual foram entretecidos fios de seda."

A cabeça de ambos estava inteiramente enrolada, em várias voltas, com o mesmo tecido. Visto que eu sentia calor, olhei para minha roupa, a qual, em todas as vezes em que nos encontramos, era diferente. Agora eu vestia um manto verde, de lã, com adornos prateados, e sapatos também de lã, com solas grossas. Minha cabeça não estava enrolada com tecido, mas eu usava uma touca amarrada embaixo do queixo. Tinha a impressão de que não existia em todo o mundo um tecido de lã mais grosso do que aquele com o qual estava envolta.

Eu não tinha muito tempo para contemplar nossas roupas, pois Licos já se encontrava um bom pedaço à frente. Quando Afarus e eu o alcançamos, ele afastou uma placa de pedra totalmente coberta por musgo, trepadeiras e liquens, que vedava uma entrada. Licos abaixou-se um pouco e entrou. Nós o seguimos e, quando estávamos dentro, ele recolocou a placa, que parecia ser bem leve, na abertura. Andamos por um corredor curto, cujas paredes eram de pedra. E então estávamos dentro de um grande e amplo salão, que cintilava esplendorosamente, parecendo ser iluminado por uma fonte de luz.

Eu não pude dizer nenhuma palavra. Nunca imaginei que houvesse na Terra tamanha maravilha de joias coloridas. Afarus parecia já ter visto tudo isso, pois não se mostrou surpreso; pelo contrário, perguntou a Licos se agora estava tudo reunido.

"Falta muito ainda, mas não é possível juntar mais", respondeu Licos.

"Encontramo-nos nas proximidades da Atlântida", disse Afarus para mim. "A Atlântida é um grande e belo país. Mas os seres humanos tornaram-se espiritualmente tão indolentes, que mesmo todas as advertências não chegam até as almas deles. De acordo com o plano relativo à Terra, esse país terá de desaparecer da superfície terrestre. Há cinquenta anos o povo vem sendo avisado, advertido e instruído exatamente por que terão de deixar o país. Outras regiões férteis já foram preparadas para eles. Se tivessem seguido logo as inúmeras advertências, ainda poderiam ter salvo quase tudo que lhes era caro. Infelizmente, as palavras não mais atingiram sua intuição e seu espírito. O raciocínio, sempre encontrando evasivas, dominou-os totalmente. Apenas poucos seguiram o sábio que pediu e insistiu para que deixassem essa terra. Tudo foi em vão.

Licos pediu aos 'taios', 'noikes' e 'kints' – que juntamente com muitos auxiliares se ocupam com minerais dentro da terra – para que salvassem tudo o que se encontrava nas profundezas e guardassem aqui. Pois o país sucumbiria, e esses belos minerais se perderiam na água e na areia, ou se tornariam feios. Deverão ser distribuídos, pelos homenzinhos da terra, para outros continentes que não estejam em perigo de sucumbir."

"Os taios, noikes e kints indicaram aos seus auxiliares os lugares onde deveriam ser enterrados novamente. Todos esses enteais trabalham muitas vezes fundo na terra, onde frequentemente colocam veios de ouro ou, colaborando com os mestres pedreiros, introduzem nelas veios de prata", explicou Licos.

"Pode-se dizer que os mestres de mineração são também artistas. Geralmente vivem no reino da rainha da Terra, criando valiosas obras de arte com diferentes pedras preciosas e outros materiais. Quando trabalham dentro da terra, vestem a mesma roupa utilizada por seus ajudantes nesse trabalho. Trata-se de uma roupa justa, semelhante ao couro. As botas são do mesmo material, e na cintura usam cintos onde penduram toda sorte de ferramentas. O que usam na cabeça é difícil de descrever", disse Afarus. "O mais compreensível será dizer que usam um capuz semelhante a um capacete, feito de uma chapa fina de prata."

"Seus rostos são brancos, belos e bem-proporcionados. E, como em todos os enteais, em seus olhos brilham a alegria e o agradecimento por ser-lhes permitido colaborar no mundo maravilhoso", disse Licos com visível orgulho.

"Os seres humanos certamente os chamariam de anões. Nunca ouvi outra designação. E esses anões, segundo a opinião dos seres humanos, vivem num reino inexistente de fábulas. Posso imaginar como surgiu a denominação 'anão'", disse Afarus. "Em tempos idos, algumas pessoas idosas contaram que às vezes foram vistos homenzinhos de cerca de um metro de altura, vestidos de vermelho, com um capuz pontiagudo na cabeça, também vermelho. Ninguém sabia de onde tinham vindo e para onde iam. E quem os havia visto mais de perto afirmava sempre que seus rostos se assemelhavam aos das crianças. Na época em que eles foram vistos, os seres humanos por toda parte já perseguiam os animais, colocando armadilhas em que eles frequentemente morriam de modo miserável. Desde que os seres humanos inventaram as terríveis armas, tornando-se cada vez mais brutais com os animais, ninguém mais viu os enteais vestidos de vermelho, que faziam parte do povo 'dalas'. Mais tarde, os homenzinhos de vermelho foram descritos, por seres humanos desalmados, como sendo homens feios, de barba grisalha e fumando cachimbos. E muitas vezes foram colocados como estatuetas em jardins. Antigamente, esses entes de vermelho, os dalas, puderam salvar muitos animais das abomináveis armadilhas. Mas, desde a exacerbação do pecado original do ser humano, isso não é mais possível. Contra as terríveis armas que inventaram, não existe mais ajuda para nenhum animal."

"Os gigantes ainda continuam em sua obra, de acordo com as demarcações dos nacitas, desagregando a terra, para que ela, quando ocorrer o desmoronamento, afunde exatamente no lugar previsto. Cada alteração na Terra tem de realizar-se com a maior exatidão."

"O que acontecerá, se a lua não cair sobre essa parte da Terra?" perguntei.

"Isso, evidentemente, não é possível", respondeu Licos. "Como nós, aqui na Terra, cuidamos para que tudo se realize segundo os planos, assim também ocorre com a lua, em estado de desagregação. Por meio de uma irradiação de ondas eletromagnéticas, provenientes dos 'sete sóis', a maior central de energia existente no espaço universal dinâmico de matéria grosseira, a queda será dirigida de tal forma, que a lua, em tempo certo, cairá no lugar predeterminado.

Durante a longa história da Terra já caíram vários corpos celestes, e nunca aconteceu de não terem caído com absoluta exatidão nos lugares predeterminados.

A Atlântida também foi uma terra de dragões. Muitos homens voavam neles. Contudo, não era o homem que escolhia seu dragão. Pelo contrário, o dragão escolhia aquele a quem permitia voar em seu dorso. Quando um homem queria ter um dragão para si – geralmente se tratava de jovens – então procurava os lugares onde sabia existirem ainda dragões sem dono. Encontrando um desses animais, ele aguardava calmamente nas proximidades dele. Se o animal lhe virasse as costas, então nada podia esperar. O dragão jamais o deixaria montar em seu dorso. Antes de se virar, o animal erguia a cabeça o mais alto possível, fazendo vários movimentos, como se quisesse cheirar algo. Se o cheiro do ser humano não lhe agradasse, o dragão rejeitava-o.

Caso contrário, isto é, quando gostava do ser humano, o dragão grunhia, virava seu pescoço comprido de um lado para o outro e fazia vibrar suas asas. Às vezes, colocava sua cabeça sobre os pés do homem que havia escolhido. Com isso, estava selada a amizade entre o animal e o ser humano, a qual frequentemente durava a vida inteira…"

"Vamos ficar aqui até que ocorra a queda da lua?" perguntei.

"Não", disse Licos. "Esse acontecimento desencadeará um tumulto. A Terra tremerá, e violentos vendavais e tempestades também não faltarão. Além disso, um cheiro ruim de gases se expandirá."

"Podemos mostrar à Isa a fonte de cura, ou seja, a água curativa. Assim ela esquecerá o que está se preparando aqui", disse Afarus.

"Existe tanta coisa que os seres humanos não sabem e nem acreditam, mesmo que sejam informados! Os seres humanos terrenos se encontram já há muito tempo sobre um solo oscilante", continuou Afarus.

"Não te esforces, Isa, em convencê-los de que nós, enteais, existimos! Não merecem!" disse Licos.

De repente um enorme grupo de pássaros grandes voou sobre nós.

"Parecem-se com falcões, mas são maiores", disse Afarus. "Eles voam para as nascentes. Vinde, pois temos a mesma rota."

"Licos tem razão", pensei.

FLUTUAMOS, COMO sempre, rapidamente para diante, e logo encontramos uma paisagem semelhante a um parque. De longe ouvimos o borbulhar de água. Era uma queda-d'água, cujas águas se precipitavam de uma depressão, numa montanha alta, para um pequeno lago. O fundo do lago consistia em pedras brancas e lisas, e a água era cristalina e pura. O escoadouro formava novo lago e depois a água escorria, desaparecendo na terra, entre altos lírios-d'água. Nas margens dos lagos, e também algo mais distante, pareciam brotar toda sorte de lírios-d'água e muitas outras flores e arbustos floridos.

Admirei-me que nenhuma ave aquática, nem outros animais, que eu havia visto na região, se banhassem nessas águas.

Licos logo captou o que eu estava pensando e disse:

"Logo contemplaremos um lago, onde incontáveis pássaros e outros animais sempre se divertem. Este primeiro lago é muito fundo. Também o segundo lago, menor, é fundo. Em ambos encontra-se água curativa. A água, já aquecida, que desce da montanha, foi examinada por nossos entendidos em água. Trata-se de uma nascente de água sulfurosa, que formou seu caminho das profundezas da montanha até a depressão, de onde hoje desce. Cura diversas doenças. Trata-se de uma água especial, pois é, ao mesmo tempo, levemente radioativa. Desse tipo de águas curativas existem muitas na Terra."

Enquanto estávamos admirando a clareza brilhante da água, escutamos um tinir, e uma música suave chegou aos nossos ouvidos. Pouco depois, emergiram das profundezas da água duas figuras com grinaldas. Primeiro vimos apenas trepadeiras em volta de suas cabeças e as grandes flores coloridas que quase cobriam seus rostos.

Percebi logo que a cantora era uma ninfa. Pois já conhecia ninfas. A parte superior de seu corpo estava coberta por uma rede de malhas largas de pérolas. A parte inferior do corpo possuía, como todas as ninfas, a forma de peixe. Mas de um peixe grande, cujas escamas cintilavam como ouro. A ninfa cantava e aspergia água ao seu redor; depois nadou até a margem, entregando-me uma grande pérola. A pérola estava colocada numa flor cor-de-rosa.

Minha alegria foi imensa. Apenas senti não poder dar-lhe algo em retribuição. Teria gostado de pular na água e abraçá-la.

Enquanto eu ainda pensava no que poderia ofertar-lhe, emergiu atrás dela uma figura masculina. Também a cabeça dele estava enfeitada com uma grinalda florida. Os rostos de ambos os entes aquáticos eram belos. Sua pele era muito branca. E os olhos tinham, evidentemente, a forma e a expressão de todos os enteais. Só a cor era diferente: verde-água. Seus dedos eram interligados por uma membrana natatória.

O homem da água tinha a mesma posição que Ikun. Ele sempre dirigia e ensinava um grande grupo de noks, para que mantivessem limpas as águas. Pois a água era sagrada. Fosse um galho ou um animal morto, ou qualquer outra coisa que não devesse estar na água, tudo isso eles logo tinham de tirar do elemento aquático. Caso acontecesse algo de extraordinário, então imediatamente tinha de ser comunicado a um dos homens da água dirigentes. Todos os noks sabiam como entrar em contato com eles imediatamente por meio de seus pequenos instrumentos musicais.

Certa vez, de fato, ocorreu algo extraordinário. Dois animais especialmente grandes, da espécie dos cervos, com galhadas gigantescas, encontravam-se num rio. Deviam ter lutado um com o outro, pois suas galhadas estavam presas entre si, de modo que mal podiam movimentar-se. Que houvessem lutado, era absolutamente normal, mas que tivessem entrado no rio, era difícil de imaginar, já que todas as margens estavam cobertas por densos matagais. Provavelmente tinha sido a época do cio, pois algumas fêmeas corriam de um lado para o outro, à beira do rio.

O homem da água e a ninfa viraram-se algumas vezes na água, com o que se formou um grande turbilhão. Depois nadaram para o segundo lago e de lá para o riacho estreito que desaparecia entre os lírios-d'água, na terra. Assim, desapareceram os dois visitantes.

"O riacho corre debaixo da terra até desembocar num rio", disse Licos. "O rio é bem longo. Demora, portanto, bastante tempo até que ambos os entes aquáticos, juntamente com o rio, cheguem até o seu elemento salgado, o mar. O homem da água chama-se 'Damant', e a ninfa, 'Dai'."

De repente começou a cair uma garoazinha bem fina. Respirei fundo.

"O aroma das plantas molhadas pela chuva é uma verdadeira delícia", disse eu rindo, esfregando meu rosto com uma folha, para que ficasse totalmente molhado.

A garoa logo acabou, e continuamos caminhando até um lago maior, que parecia pertencer exclusivamente aos animais. Tantos animais diferentes alegravam-se com sua vida nesse lago, que não podiam passar despercebidos. Vários animais peludos, para mim desconhecidos, nadavam entre as grandes e incontáveis aves aquáticas, de um lado para o outro. De vez em quando mergulhavam, aproximando-se dos muitos pequenos habitantes aquáticos, que nunca subiam à tona da água. No lago havia também algumas pequenas ilhas que, aparentemente, serviam de lugares de nidificação.

Afarus, que se havia adiantado um pouco, chegou até um pântano, onde um bando de animais, novos e velhos, se divertiam. Ele julgou que fossem porcos selvagens.

"Existe aqui uma espécie que se parece com porcos selvagens. São animais grunhidores, mas não são porcos selvagens", explicou Licos, ao vê-los.

Era exatamente a hora em que o Sol estava no ponto mais alto, e seus raios tocavam a Terra com forte calor.

"Aqui a natureza, por toda parte, é tão maravilhosamente bela, que se pode pensar que ela está em festa", disse eu, com os olhos cheios de lágrimas.

Eu apenas tinha pensado, por um momento, na natureza que conhecia.

"Estás errada, Isa", disse Licos. "A natureza não festeja. Ela cresce, desenvolve-se, gera belas florestas, prados, rios, toda sorte de frutas e flores, e muito mais ainda. Ela vive e existe exatamente assim como o povo enteal determinou, e também colaborou, supervisionando tudo constantemente, para que todos os planos previstos para a Terra sejam executados corretamente."

Eu ouvi, surpresa, e disse que a natureza, que conheci através de meus dois acompanhantes, sempre me pareceu festiva.

"A intuição festiva deveria encontrar-se dentro do coração dos seres humanos. O aspecto da maravilhosa natureza, em tempos idos, sempre desencadeou alegria", disse Licos.

Refleti um pouco, reconhecendo, depois, que Licos evidentemente tinha razão. Eu quase chorei novamente, ao lembrar-me de que os seres humanos, outrora, eram hóspedes muito queridos no reino da natureza, criado pelos enteais com muito trabalho e persistência. Enxuguei as lágrimas e olhei para cima, para o Sol, que nesse dia me pareceu especialmente quente; não só isso, ele estava diferente do que de costume.

"Tens razão", disse Afarus. "Eu também sinto o Sol diferente do que de costume. Sim, ele sempre foi uma bola de gás, de fulgor vermelho. Mas há muito tempo percebemos que o Sol está lançando colossais raios de energia para todos os lados."

"É o que está acontecendo constantemente", disse Licos.
Afarus ainda não estava contente. Disse supor que devia estar ocorrendo um processo físico no interior do Sol, transformando as gigantescas irradiações de energia, as quais, juntamente com outras forças, o Sol emite constantemente.

"Vi algo diferente", disse eu. "Tive a impressão de ter visto altas chamas. As chamas subiam tanto, que eu nem as pude seguir totalmente."

"Percebi exatamente a mesma coisa. Parecia ou pelo menos dava a impressão de uma pequena erupção vulcânica", disse Licos. "O atual senhor do Sol, também um descendente de Urano, saberá o que se passa em seu astro. Pode até ser que o Sol um dia estoure, se continuar emitindo essas labaredas tão altas! Apesar de suas colossais reservas de energia, que provavelmente se renovam constantemente por um processo desconhecido aos seres humanos."

Licos, porém, não parecia muito interessado com aquilo que estava ocorrendo no Sol.

Afarus ficou calado. Ele deduziu muita coisa das palavras de Licos. É que o senhor do Sol, "Helius", parecia estar fazendo preparativos que nada de bom pressagiavam para a humanidade.

"Há quatro bilhões de anos, ou mais ainda, o Sol deve ter sido muito, muito maior mesmo. É o que suponho, embora pouco entenda dos enteais e de seu mundo maravilhoso", disse Afarus. "Pois me pareceu que um pequeno ponto vermelho se separou do Sol, ponto esse que pouco a pouco se tornou maior. Ele tomou a forma de um coração e uma cruz!"

"Lembro-me exatamente desse primeiro dia", interrompi as explanações de Afarus.

"Nesse, aparentemente pequeno, coração vermelho encontrava-se a força concentrada do fogo sagrado, de modo que nosso povo enteal pôde construir a Terra e executar os preparativos para que outrora os espíritos humanos pudessem encarnar-se nela... Tu, Afarus, e também tu, Isa, pudestes covivenciar essa maravilha."

Depois dessas palavras, Licos prosseguiu caminhando, e nós o seguimos.

"Estamos a caminho do parque das fadinhas. Andai silenciosamente, não faleis." Licos falara essas palavras, mas tão baixinho, que mal as ouvimos.

Caminhamos, um atrás do outro, obedecendo exatamente as advertências do nosso guia. Deixamos longe, atrás de nós, o lago dos animais, caminhando por um trecho que atravessava uma floresta. As folhas dessas árvores brilhavam como se fossem polidas. Saindo da floresta, um belo prado, rico em flores, estendia-se diante de nós. O capim e as flores eram muito altos. Licos e também nós caminhávamos tão cuidadosamente através do prado, que praticamente nada esmagamos com os pés. Três mocinhas, com vestidos coloridos e chapeuzinhos vermelhos na cabeça, vieram correndo ao ver Licos. As três mal alcançavam a altura de um metro, de modo que ainda podíamos ver seus cabelos. Ficamos, evidentemente, afastados. Observei os cabelos de um desses pequenos entes. Tinham a cor do cerne de um tronco de árvore, em parte avermelhado e em parte amarelado. Descrever as cores dos enteais é muito difícil, visto que elas não existem na Terra.

Os três delicados entes desapareceram no prado, aliás, de modo que nenhuma palhinha ou flor se mexeu. Vindo novamente ao nosso encontro, Licos explicou-nos qual o trabalho que os três pequenos entes femininos estavam executando.

"Certamente vistes que as flores já estão se transformando em sementes. Também as sementes dos muitos cereais, que crescem entre o capim alto, já estão prontas para serem colhidas. Pois bem, os três enteais, que parecem crianças, colhem cuidadosamente as sementes das flores e também dos cereais. A colheita de sementes maduras realiza-se em todo o reino terrestre. Existe muita terra em outros reinos e regiões. Nunca as sementes são demais. Misturadas com outras, surgem novas espécies de plantas e flores."

"Posso voltar a falar mais uma vez da central de energias?" perguntei.

Licos respondeu:

"Pergunta quanto quiseres. São sete grandes sóis. Apenas os respectivos responsáveis sabem das condições reinantes no interior desses sóis. A energia da matéria solar é enorme. O campo de atração alcança, segundo nossos conhecimentos, muito longe no espaço do Universo. São, por toda parte, distâncias incomensuráveis. O ser humano terreno de hoje, que se ocupa com a astronomia, apenas concebe uma ideia, jamais entrando nos mistérios dos múltiplos sistemas estelares e sua grandiosidade."

"E os romanos e gregos, viam eles realmente os 'deuses' do Olimpo e falavam com eles?"

"Essa pergunta posso responder bem", disse Afarus, antes que Licos se manifestasse a respeito. "Talvez eles tivessem visto, numa situação extraordinária, alguns dos grandes enteais, denominados 'deuses'. É possível também que alguns seres humanos, entre os gregos e os romanos, tenham realmente conseguido ligações com os guias enteais do Olimpo. Em tempos anteriores também houve, pois, espíritos humanos que obtiveram ligações com mundos espirituais superiores."

Quando Afarus nada mais tinha a acrescentar, eu disse que tinha visto estátuas dos pretensos "deuses".

"Não as achei muito atraentes."

Licos riu e não disse nada. Mas Afarus falou que justamente essas estátuas eram a prova de que nem os gregos nem os romanos tiveram um relacionamento maior com os "deuses", como queriam que todo o mundo acreditasse.

"Eu também imaginei que os grandes guias enteais fossem diferentes", opinei.

Afarus refletiu um pouco, dizendo a seguir:

"A prova é bem evidente. Todos os artistas, romanos ou gregos, fizeram suas estátuas de 'deuses' com os órgãos de reprodução. Os órgãos necessários ao ato de geração fazem parte dos corpos humanos que vivem na matéria grosseira. Esses órgãos de procriação não existem em toda a Criação. Já na parte mediana ou fina da matéria grosseira nada mais se vê disso.

Ligações de amor existem em todos os reinos da Criação. Seja no povo enteal ou entre os espíritos humanos. Pois o amor é o mais belo presente do onipotente Criador! Aí sempre se trata do verdadeiro amor!"

Afarus olhou para mim, interrogativamente. Compreendi tudo e achei bom que somente na Terra existam sentimentos chamados de amor, mas que nada têm a ver com o verdadeiro amor.

"Esqueçamos o ilusório amor humano", disse Licos. "Depois dessa parada, podemos prosseguir até o parque das fadinhas. Não está mais muito longe daqui."

Tivemos de atravessar um pequeno riacho, onde grandes pedras lisas serviam de ponte; depois veio ainda um bosque, onde se encontravam algumas árvores antiquíssimas.

"Alcançamos o alvo", disse Licos baixinho.

Diante de nós achava-se um grande pomar. Seguimos vagarosamente atrás de Licos, até chegarmos a alguns montes baixos de capim, onde nos sentamos.

Perto, diante de nós, havia por toda parte árvores frutíferas em flor. Eram flores grandes, brancas e rosadas; contudo, vi também galhos com flores menores de cor lilás clara, em torno das quais muitas abelhas zuniam. Sem dúvida, havia um zumbido no ar e um perfume tão forte, como eu jamais havia percebido num pomar. Licos olhou para o Sol e disse que as fadinhas das flores das frutas logo chegariam para banhar-se no aroma. A presença delas afastava também insetos nocivos. Junto com o sopro de um vento veio um grupo de pequenos passarinhos vermelhos. Logo depois dos passarinhos vi, por toda parte entre as árvores frutíferas, homenzinhos vestidos de verde e com capuzes pontiagudos, que limpavam as cascas das árvores.

"Essas árvores já estão velhas, e às vezes se fixa musgo nelas. O musgo é nocivo para as árvores frutíferas, por isso está sendo retirado pelos responsáveis pelas frutas, para que não se alastre", explicou Licos.

O grande pomar tornava-se cada vez mais movimentado. Vi grandes e pequenos besouros se mexendo no solo de um lado para o outro. Eu não pude ver o que estavam procurando.

De repente, escutamos um zunir melodioso em toda a volta. Parecia-me já ter ouvido uma vez esse zunir. Então vi as primeiras fadinhas. Tinham, aproximadamente, a altura de um palmo. Estavam envoltas em véus, cingidos no pescoço. De suas cabecinhas caíam cabelos claros e encaracolados pelas costas. Seus pezinhos estavam descalços. Os vestidos eram muito amplos e chegavam até o chão. Também as mangas eram amplas e quase cobriam suas pequenas mãozinhas.

O zunir melodioso tornou-se mais forte, e as fadinhas distribuíram-se pelo pomar, movimentando-se como que dançando em torno das flores. De tempos em tempos sentavam-se nas flores, como se quisessem descansar. Via-se como as abelhas esvoaçavam, mas elas tiravam o pólen das flores como se não houvesse nenhuma fadinha.

"As fadinhas não enxergam as abelhas, e da mesma forma as abelhas não enxergam as fadinhas. As fadinhas pertencem à matéria grosseira mediana, não podendo ser vistas pelas abelhas de matéria grosseira", explicou Licos.

"Foi uma vivência maravilhosa, como as fadinhas se movimentam em redor das flores. Parece que elas se banham no perfume", murmurei, estendendo a mão bem devagarinho, na esperança de que uma das fadinhas, tão delicadas, se sentasse nela.

"Logo se afastarão. Acredito que elas se orientam pelos raios solares."

"As fadinhas das flores das frutas são a coisa mais graciosa que já vi", disse eu para Licos. "Elas são tão delicadas e pequenas; quem cuida delas, ao deixarem as árvores?"

"Quem toma conta delas são as grandes fadas das flores", respondeu Licos à minha pergunta. "Elas já estão aqui. Contudo, não as podes ver, visto que elas têm suas moradas e seu trabalho na matéria grosseira mais fina."

"Podes vê-las?" perguntei a Afarus.
Ele acenou confirmando.
"Eu admiro as cestinhas trançadas com as mais finas fibras, bem forradas com algodão das árvores e veludo azul-claro. Além disso, encontram-se sobre o veludo várias almofadas de seda. Essas são as 'cestinhas de viagem' das fadinhas das flores. Sempre usadas quando elas são chamadas por flores que crescem mais afastadas. Sabemos que entre as flores – logicamente não todas – e as fadinhas existe uma ligação, da qual somente as fadas das flores, e também não todas, possuem um vago conhecimento", explicou Licos. "As frutas tornam-se mais bonitas, mais doces e maiores, quando as fadinhas dançam em volta delas, envolvendo-as, às vezes, completamente com seus véus ondulantes", acrescentou ainda.

"Existem ainda muitas moradas fora do reino de Gaia, entre elas as das grandes fadas que cuidam das fadinhas. Há pouco tempo existem também, por toda parte, protetores masculinos bem treinados. Também para a rainha e suas casas de trabalho, nas quais praticamente só trabalham artistas, não há exceção. Por toda parte são vistos esses protetores. Nós, seres humanos", disse Afarus, "poderíamos chamá-los de sentinelas".

"A ordem para essa medida veio de Valhala!" disse Licos pensativamente.

"No mundo humano ocorreu, já faz tempo, algo horrível. Trata-se de uma artimanha tão astuciosa e infame do raciocínio, que os seres humanos, se não forem vigilantes espiritual e terrenamente, lenta, mas seguramente, se aproximarão do abismo."

Entendi bem as explanações de Afarus. E como ele tinha razão!

"Eu sei que os asseclas do anjo caído procuram por toda parte angariar adeptos. Nosso povo enteal, digamos, alguns deles, também se encontram em perigo", disse Licos.

Afarus e eu olhamos surpresos para Licos. Havíamos esquecido que ele, sendo um dos enteais dirigentes, era imediatamente informado de todas as coisas extraordinárias.

Eu poderia ter-lhes contado como era ruim a situação da humanidade. Mas encontrava-me junto de meus dois acompanhantes para aprender e conhecer a natureza como foi outrora.

Licos, que me observava, disse que nem Afarus nem ele próprio conheciam a matéria grosseira. Por isso gostariam de ouvir algo a respeito daquilo que eu sentia como sendo doloroso.

Não sabia se devia satisfazer o desejo de Licos. Pois não tinha nada de bonito para contar.

"Sabemos que se torna difícil para ti falar sobre os seres humanos terrenos; contudo, acredito que aliviaria o teu coração, contar-nos o que mais te dói!"

"Quando a Terra estava preparada para receber os espíritos humanos", comecei, "os entes que haviam criado a natureza e os espíritos humanos, já encarnados há algum tempo na Terra, estavam ligados entre si, poder-se-ia dizer, de modo confiante.

Os enteais eram os protetores e instrutores dos jovens seres humanos terrenos. E os seres humanos terrenos agradeciam-lhes através do amor que por eles sentiam.

Hoje se chegou a tal ponto, que os seres humanos nem mais acreditam na existência de seus benfeitores de outrora. Recusam todas as tradições a tal respeito, como sendo do reino das fábulas. E aí nem refletem de onde vem tudo o que chamamos de natureza! Não só isso. Destroem a natureza, outrora tão maravilhosa, desmatando as magníficas florestas. Caçam e não somente matam os animais, mas ainda os maltratam de maneira inacreditável em laboratórios de pesquisas, onde experimentam novos medicamentos neles, medicamentos esses que mais tarde deveriam ajudar os seres humanos.

Torna-se difícil para mim falar e acusar. Mas a maior parte da humanidade está hoje carmicamente tão sobrecarregada, que não cometo nenhuma injustiça com as minhas explanações. Os seres humanos sujam tanto as águas, a ponto de os peixes morrerem por toda parte. As inúmeras fábricas, muitas vezes construídas nas margens dos rios, escoam todas as suas águas servidas, cheias de produtos venenosos, nos rios. Até o ar já está empestado. Falei, agora, coisas que me causam muita dor. Mas existem ainda tantos males na Terra, que não é possível contar mais a respeito."

"Tudo o que nos contaste, já sabíamos, embora nunca tenhamos estado nas proximidades da Terra", disse Licos.

"Mas agora está na hora de te levarmos para o teu lar terreno", disse Afarus.

Acenei com a cabeça abaixada, para que ninguém visse minhas lágrimas. Enquanto olhava para o chão, deparei com os calçados de Afarus. Tratava-se de sandálias de couro resistente, e várias tiras formavam a parte superior. Era evidente que esse tipo de calçado devia ser bom para caminhar. Era a primeira vez que um de meus acompanhantes usava calçados tão resistentes. Afarus sorriu, pois sabia, certamente, que eu refletia sobre onde já havia visto esse tipo de sandálias. Não, não podia lembrar-me. Não obstante, sentia uma alegria devido às sandálias, embora não soubesse por quê.

Enxuguei minhas lágrimas.

"Estou pronta."

Foi como sempre. Antes de saber o que me acontecia, eu já estava deitada em minha cama, parecendo-me que nesse momento acordava normalmente. Só muito mais tarde me lembrei de Licos e de Afarus, e das vivências que tivera com eles.

A primeira coisa de que me lembrei, foram das sandálias. Afarus nunca usara calçados tão toscos. Será que ele empreenderia uma grande peregrinação? Pesava-me o coração, ao pensar nessa possibilidade.

Contudo, não demorou muito e novamente senti alegria e gratidão por ter sido presenteada com tantas e tão belas vivências. Sabia que dessa vez o tempo de espera seria bem menor.

Será que Afarus e Licos sabiam que os seres humanos já haviam conquistado a Lua? Conquistado talvez não seja a palavra correta. Todo o mundo dizia que tinha sido um grande feito técnico. Mas eu sabia, através de Licos, que na Lua terrestre não havia nada para ser conquistado, nem em outros astros, quando certa vez falamos sobre isso.

Sei que, no espaço de tempo em que não pude estar presente, milhões de acontecimentos cósmicos ocorreram. As condições do mundo primitivo, eu, provavelmente, só com dificuldade teria compreendido. Afarus, pois, havia dito que até para os maiores cientistas, que trabalham somente com o seu raciocínio, isso sempre terá de ser enigmático e misterioso.

Se Licos continuasse a falar comigo sobre suas reflexões a respeito de astronomia, pode ser que eu até adquirisse conhecimentos astronômicos.

"Os seres humanos vieram ao mundo terrestre a fim de buscar a perfeição. E as bênçãos de poderes superiores os acompanhavam."

Foram as primeiras palavras que Afarus disse, quando novamente nos reunimos. Dessa vez o tempo de espera foi menor.

Encontrávamo-nos numa paisagem que eu ainda não conhecia. Havia uma cadeia de montanhas, e altas e escuras florestas exalavam um perfume aromático. Estávamos ao lado de um riacho, que devia ser muito fundo, pois ali nadavam grandes peixes, que brilhavam como ouro e prata. Essa coloração era devido aos raios solares que nesse momento atingiam a região.

Vi prados e, um pouco mais adiante, um povoado com muitas casas. Até esse momento eu tinha a impressão de que meus dois acompanhantes sempre evitavam regiões habitadas por seres humanos.

"Aqui há um bom lugar para descansar", disse Licos, já se acomodando num banco colocado debaixo de uma árvore.

Alguma coisa deve ter levado Licos a se sentar. Foi a primeira vez que isso aconteceu. Olhei para todos os lados, talvez algum ser humano ou crianças se encontrassem nas proximidades. Realmente, duas mulheres, saindo da floresta, deveriam passar logo por nós. As mulheres carregavam cestos cheios de cogumelos.

O povoado situava-se num vale. As catadoras de cogumelos desceram pelo caminho até o vale, e não mais se podia vê-las.

"Talvez venham outras ainda. É melhor esperarmos um pouco."
Ao ver casas, sempre me lembro de Ioni, o primeiro ser humano que veio à Terra. O que teria acontecido com ela? Será que teria permanecido fiel ou se teria entregue às falsas doutrinas?

"Suponho que ela permaneceu fiel", disse Afarus, e Licos acenou concordando.

De repente, eu soube que os dois haviam seguido o transcurso de vida dela. Por isso estavam tão certos de que nada havia turvado sua alma.

Esperamos aproximadamente uma hora. Como não surgisse ninguém, Licos levantou-se, desaparecendo mais acima entre dois paredões de rocha, no meio dos quais havia um caminho curto e pedregoso.

"É melhor seguirmos Licos, antes que venha alguém."

Depois do caminho de pedra, havia um lugar pantanoso, onde cresciam arbustos de toda espécie. Ao lado do pântano começava uma elevação, onde, até o alto, cresciam coníferas.

Licos estava do outro lado do morro que se elevava, não longe do banco onde estávamos sentados. Atrás da cordilheira e da elevação com a floresta de coníferas havia uma área de terra pantanosa onde se viam inúmeros rastros de animais. Provavelmente de veados, cervos e animais similares.

Enquanto eu olhava os rastros de animais, Licos desapareceu. E Afarus olhava atentamente para a região em volta, a fim de ver se não havia mesmo mais nenhum ser humano.

Licos subira em dois blocos de rochas salientes, totalmente cobertos de liquens e outras plantas rasteiras. Eram plantas que se agarravam firmemente, com suas pequenas raizinhas, na rocha nua. Quando ele chegou no segundo bloco de rocha, chamou-nos para junto de si. Logo a seguir, pegou um objeto pontiagudo, enfiou em fendas quase invisíveis e soltou, com grande habilidade, uma placa de pedra do paredão de rocha. Mal tinha colocado a placa ao lado, Afarus entrou na abertura, e eu o segui imediatamente.

Dentro, algumas escadas de troncos de madeira conduziam para baixo, até uma espécie de gruta. De algum lugar entrava luz. Licos recolocou a placa cuidadosamente, pois no seu lado interno havia pedaços de madeira fixados nela, que permitiam segurá-la e recolocá-la por dentro.

Dentro da gruta, Licos, olhando para nós, disse que nos mostraria a coisa mais bela que jamais havíamos visto.

"Tenho o pressentimento de que em breve deveremos separar-nos. Por isso vos mostrarei agora a gruta das pedras preciosas, que certamente é única na Terra."

A gruta onde nos encontrávamos era pequena, pois em redor se situavam as paredes da rocha. Licos mexeu numa dessas paredes. Havia ali também uma placa de pedra. E, antes de retirá-la cuidadosamente, dirigiu-se a nós, indicando algumas pedras colocadas num canto:

"Sentai-vos, pois entrarei sozinho para acender as luzes, e isso pode demorar algum tempo."

Eu mal podia imaginar o que era uma gruta de pedras preciosas, uma vez que havia visto apenas poucas dessas belas pedras. Afarus estava sentado, pensativo. Ele usava, novamente, as sandálias de peregrinação. Eu não podia desviar meu olhar delas.

"Não te lembras?" perguntou Afarus, ao ver que eu fitava suas sandálias ininterruptamente. "Pois estiveste várias vezes na Terra! E cada vez com uma missão a cumprir."

"Eu me lembro de diversos gigantes e principalmente do gigante Schull", disse eu, um pouco acanhada. "No decorrer do tempo provavelmente esqueci muito, ou tudo até, do que outrora foi tão importante para mim."

Licos havia empurrado a placa de pedra para o lado de tal modo, que mal ficava uma abertura livre, pela qual uma pessoa pudesse passar. Nesse momento ele voltava, convidando-nos para entrar. Mas antes tivemos de calçar sapatos vermelhos, de veludo, cujas solas também eram de veludo macio.

A troca de sapatos se deu rapidamente comigo. Mas Afarus, aparentemente, tinha dificuldade para tirar suas sandálias de couro grosso. Finalmente conseguiu, e pudemos entrar na gruta de pedras preciosas. Após entrar, senti-me de repente tão fraca, que precisei segurar-me numa bacia de ouro, fixada num alto pedestal existente no meio da gruta. Licos conduziu-me até um assento baixo, coberto de veludo.

Um pouco mais tarde, notei que estava sentada numa almofada macia, forrada de veludo, que havia sobre um dos bancos.

Afarus sentou-se ao meu lado, e Licos ofereceu a cada um de nós uma taça de ouro com um líquido aquoso. Mal eu o havia tomado, já me senti melhor, e tão forte que podia contemplar toda a maravilha desse recinto e deixar que produzisse o seu efeito em mim.

O recinto tinha cerca de cinco por cinco metros, com um teto em forma de abóbada. Havia cintilação e brilho nesse local, visto que vários lampiões redondos, não muito grandes, nas cores verde-clara e rosa, estavam distribuídos pelo recinto. A abóbada era de ametistas de todas as tonalidades, contudo a lilás clara era predominante.

"A ametista possui e atrai forças cósmicas colossais", disse Licos.

Mal pude desviar o olhar do teto, sobremaneira maravilhoso. Quando ia afastar o olhar, vi que as ametistas claras tinham a forma de um coração.

Licos ofereceu-nos mais uma vez uma taça com um líquido, porém agora com outro sabor.

O banco em que ficamos sentados estava encostado à parede do lado da entrada. Afarus estava sentado ao meu lado e fitava o piso. Licos sentou-se do meu outro lado, indicando para a parede à nossa frente.

O que vi foi de cortar a respiração. A parede inteira estava coberta de fileiras de rubis quase transparentes. No meio dos rubis havia um grande sol de diamantes, cuja cintilação e brilho mal se podia suportar. Eram diamantes grandes, maravilhosamente lapidados. Um pouco distantes do sol situavam-se, entre os rubis, estrelas de cinco pontas, igualmente formadas por diamantes. Os diamantes das estrelas eram lapidados de tal modo, que quase se assemelhavam a uma pirâmide.

O brilho desses diamantes era tão magnificente, que tive de fechar os olhos.

"Olha mais uma vez para o sol", disse Licos para mim. "Não viste uma coisa."

Abri os olhos e vi no meio do sol uma grande opala preta, cujo centro emitia, às vezes, cintilações vermelhas.

"Sim, é uma opala", disse Licos, sempre captando meus pensamentos imediatamente. "A opala vermelha é a pedra do poder invisível, razão por que Pluto a usa. Quem usar essa pedra é também senhor de todos os tesouros da Terra. Pluto é um dos guias enteais, cuja pátria é Valhala. Podemos dizer também Olimpo, pois se trata do mesmo reino dos guias enteais. Pluto e seus auxiliares conduziram ao centro incandescente da Terra todas as substâncias necessárias ao seu desenvolvimento."

"Será que estou vendo direito? São mesmo opalas brancas, onde nossos pés estão pisando?" perguntou Afarus.

"Precisaste muito tempo para reconhecê-las", respondeu Licos sorrindo.

"Lembro-me agora. Elas se destinam àqueles seres humanos que transmitem força e esperança às pessoas fracas e doentes.

Isso nos tempos primitivos foi um grande auxílio para os seres humanos. Mais, eu mesmo não sei. Apenas sei que os seres humanos, naquela época, ainda não tinham pecados. Por conseguinte, suas doenças não podiam ser graves. Caso sofressem de alguma coisa, então se tratava de males facilmente curáveis. Talvez alguns deles tivessem medo de algo. Pode ter sido medo da própria vida. Dizem que outrora existiam pessoas que se sentiam doentes de medo.

De qualquer forma não podia ter sido algo grave, pois ainda não haviam perturbado a ordem e a harmonia na natureza. Ainda sabiam como os enteais tinham trabalhado duramente para fazer surgir a maravilhosa natureza", disse Afarus pensativamente.

"Naquela época fui chamado de volta, já que meus conhecimentos eram necessários em outro lugar. Quando, depois de um longo tempo, retornei, o terapeuta que me havia substituído disse que a rainha da Terra, Gaia, havia mandado as opalas brancas e que ele mesmo havia escolhido as mulheres que ajudariam os fracos. Como eu soube, faziam isso com a maior alegria e dedicação. Cada mulher que desejasse ajudar recebia, emprestada, uma opala branca, que lhe transmitia forças para ajudar os fracos e necessitados. As opalas também foram devolvidas, quando não mais eram necessárias."

"De onde vieram tantas pedras preciosas?" perguntei.

"Recebemos todas elas da rainha. Os encarregados das pedras preciosas, cujo trabalho era abastecer todo o globo, isto é, a Terra, com pedras preciosas, aliás, juntamente com os entendidos da terra, necessitaram de milhares e milhares de anos para distribuí-las sob a superfície da terra, nos locais convenientes. Não apenas dentro da terra. Havia inúmeros rios com muito cascalho, onde enterravam ouro ou diamantes. Quando as preciosidades estavam distribuídas em inúmeros lugares, ainda sobrou muito!" respondeu Licos à minha pergunta.

"Esta gruta de pedras preciosas tinha, aliás, uma finalidade muito diferente. Estais vendo a bacia de ouro no centro; além dela havia mais duas no lugar onde agora se encontra o banco. Só a parede à nossa frente estava ornamentada como agora. Dois artistas do reino de Gaia ornamentaram com grande entusiasmo este recinto. As outras paredes estavam revestidas com tapetes indestrutíveis de seda."

"Posso interromper mais uma vez?" perguntei.

"Certamente, pergunta. É importante que compreendas bem tudo o que estás vivenciando em nossa presença", disse Licos.

"Por que algumas pessoas se sentiam fracas e doentes, e de onde vinha o medo? Principalmente por ainda não terem pecados!"

"A resposta a isso é para nós algo difícil. Responde tu, Afarus", disse Licos.

"Todos eram seres humanos mais sensíveis, que ainda percebiam os acontecimentos na matéria grosseira mediana. Ainda enxergavam os enteais, que conheciam e que, segundo suas afirmações, eram os únicos capazes de acalmá-los. Sentiam exatamente a mesma inquietação que todo o povo enteal sentia. Todos os guias enteais de

123

Valhala, ou Olimpo, sabiam que um poderoso anjo fora expulso da esfera divina, descendo pouco a pouco, através das Criações, até as profundezas antes inacessíveis para o ser humano terreno.

Contudo o arcanjo, de nome Lúcifer, não chegou sozinho ao reino do submundo. Ele veio de alturas máximas; chegando aos reinos, onde viviam seres humanos, ligaram-se a ele, por toda parte, grupos de seres humanos, visto ser ele um arcanjo. Desse modo, chegou com um grande séquito ao seu futuro reino, o submundo, sendo essa a melhor designação para isso.

Voltemos para os seres humanos que quase adoeceram de medo. Eles afirmavam que algo de sinistro, aliás de ruim, vinha ao seu encontro: algo desconhecido. Não sabiam como poderiam afastar esse algo desconhecido", explicou Afarus.

"Agora entendo. Sou tão grata a ti, Licos, e a ti, Afarus, por vos terdes esforçado tanto comigo. Sim, uma das mulheres já sentia a influência luciferiana que se aproximava da humanidade. Hoje, nada mais se pode dizer a esse respeito, visto que Lúcifer já conquistou a maior parte da humanidade", disse eu.

"Agora podemos voltar novamente para as pedras preciosas e a tudo o que está ligado a isso", disse Licos, olhando para uma das paredes.

Isto significava que deveríamos olhar, primeiro, as pedras preciosas nas duas outras paredes também. Eu sentei-me exatamente de tal maneira, que a parede do lado esquerdo ficou diante dos meus olhos. Afarus fez a mesma coisa. Vimos pelo menos seis grupos diferentes de pedras preciosas que cobriam a grande parede até a abóbada. As diversas cores entrelaçavam-se de tal modo, que não era possível dizer onde um grupo começava e o outro terminava.

"No meio da parede vedes a maravilhosa safira azul. Ela é a pedra da paz e impulsiona seu portador a reconhecer a verdade, por toda parte, onde alguma coisa que ouça lhe pareça turva. O grande quadrado em volta dela foi composto de safiras vermelhas muito raras. No quadrado vermelho encontra-se ainda um círculo feito com as mesmas pedras, lapidadas em ponta."

Eu mal podia desviar meu olhar das safiras. Nem sabia que também existiam safiras vermelhas.

"Ao lado das safiras", recomeçou Licos, "estais vendo granadas. A granada é uma pedra bela e brilhante. Dizem que seu portador sempre aspira reconhecimento quando cria algo de bom. No meio das granadas encontra-se uma flor de diamantes com campânulas róseas, engastadas artisticamente. Logo ao lado do grupo de granadas segue-se uma grande área de ônix preto. O portador dessas pedras possui forças especiais de concentração. Conforme sua personalidade tende a todo o tipo de depressões, cansaço da vida ou desalento. No meio da área preta há uma flor de diamantes, com pequenos diamantes engastados em forma de pétalas. Isto significa que o alegre e grato portador do ônix pode ser límpido e irradiante como um diamante, se afastar para longe de si tudo o que estorva, principalmente qualquer depressão."

Licos deu-nos novamente a bebida fortificante e continuou a falar:

"No outro lado das safiras estais vendo um grande agrupamento de jaspes. O jaspe amarelo conduz ao pesquisador sério, em seus trabalhos de pesquisa, um saber puro, se ele se esforça em encontrar um remédio para doenças até então incuráveis. Se, porém, se utiliza de animais em suas pesquisas, talvez encontre um medicamento, contudo ele próprio se sobrecarrega com pesado carma, dificilmente reparável. Aliás, por ter utilizado um animal indefeso, em vez de um criminoso irrecuperável, obrigado a passar a vida na prisão.

Ao lado do jaspe amarelo vedes uma pedra verde-clara esbranquiçada. É geralmente chamada pedra-da-lua. Mas não sei se esse é o nome correto. Como é do meu conhecimento, a pedra-da-lua deve estimular as boas propriedades de seus portadores e também, conforme a pessoa, estimular a capacidade de recordar-se de tempos passados."

"Temos aqui também o âmbar dourado", disse Afarus. "Segundo soube, ele deve ser muito útil às intuições humanas, no descobrimento de coisas que possam ajudar a muitos."

"Tens razão, Afarus. E como estás vendo, o âmbar de brilho dourado cobre, com toda sorte de figuras, a parte central da parede do lado direito."

"O que significam as pedras de cores mais escuras, no meio do âmbar dourado?"

"São várias safiras de cor preta, em forma de estrelas; também pedras preciosas, de cor verde-escura, e pérolas quase pretas dão ao todo uma aparência maravilhosa, nunca vista. Essas cores são difíceis de interpretar, visto que correspondem integralmente à personalidade dos seus portadores. A pedra verde-escura proporciona, conforme o ser humano que a porta, uma vontade forte e uma força de concentração especialmente intensa. O âmbar significa alegria de vida, não importando se a vida nem sempre corra de modo que se possa sentir alegria. Pérolas constituem o adorno para mulheres. Existem brancas, rosa e também cinzentas e pretas. São preciosas, tão preciosas como eram as mulheres outrora."

Via-se que Licos estava cansado, apesar disso explicou-nos ainda as cores das pedras preciosas que se estendiam até o final da parede. Eram pedras verde-azuladas, maravilhosamente lapidadas, cores essas encontradas em águas-marinhas especiais, existindo também, entre as turquesas, cores similares.

"Ambas as pedras propiciam, conforme seu portador, fidelidade; além disso, elas ajudam seu portador a conseguir uma posição de vida independente.

Falamos agora sobre todas as pedras preciosas. Todos nos cansamos com esse brilho incomum. Por isso proponho que descansemos, antes que eu fale sobre outras coisas. Isa já está quase dormindo."

Afarus deu-lhe razão:

"Está quase totalmente escuro, de forma que podemos deixar o morro com mais segurança."

E assim foi. Não se via ninguém, pois o lugar pantanoso atrás do morro era de má fama. Dizia-se que, há algum tempo, uma mulher, ao sair à tarde da floresta, havia visto um gigante com o braço levantado, ameaçadoramente.

Saímos bem do morro, e ficou decidido que eu seria levada para casa e trazida de volta novamente depois de três dias, pois não devia perder o final da história. Estava tão sonolenta, que não me opus, como de costume, quando tinha de deixar meus acompanhantes.

Afarus e Licos foram até a rainha Gaia. Lá havia vários dormitórios para hóspedes.

"O aspecto empolgante de uma quantidade tão grande de pedras preciosas quase se tornou demais para mim também", disse Afarus, ao chegar ao reino de Gaia.

Um guardião conduziu Afarus e Licos aos dormitórios.

"Encontra-se aqui mais um ser humano; é um astrônomo que parece saber tudo sobre o assunto. Agora ele dorme."

"Um ser humano tão instruído, que já sabe tudo, jamais nos perturbará. Apenas queremos dormir."

"A rainha saiu há dois dias, mas está sendo esperada a qualquer momento", disse ainda o guardião antes de sair.

Quando Afarus e o estranho acordaram, Licos já havia saído. Ele ainda tinha de conversar sobre um assunto com os homens das pedras preciosas.

"Viveis aqui muito isolados do grande mundo. Sabeis por que o ser humano se encontra na Terra?" perguntou o estranho, que se chamava Anton.

Ele tinha ainda mais dois ou três nomes, que Afarus não gravara.

"Certamente que sei", disse Afarus. "Estamos na Terra para nos desenvolvermos espiritualmente em seres humanos perfeitos!"

"Isto, evidentemente, também", admitiu Anton. "Na realidade estamos na Terra para perscrutar o céu e seus astros. Já conquistamos a Lua, e o que existe em Marte também já sabemos."

Afarus cortou a conversa de Anton.

"Não conquistastes a Lua. Além disso, ela já está caminhando lentamente para a sua desintegração. Vossa chegada à Lua foi um grande feito técnico e nada mais."

Afarus percebeu que Anton ficou indignado e disse:

"O ser humano, com toda a sua megalomania, não pode sequer produzir o mínimo átomo."

"Que quer dizer? Que nós não sabemos?" perguntou Anton, com arrogância.

Afarus deixara o dormitório, contudo voltou, dando-lhe o conselho de não se vangloriar de suas pesquisas, e disse:

"Estamos aqui no mundo enteal, cujos integrantes construíram cada astro, isoladamente. Nós todos dependemos dos enteais, que também construíram a nossa Terra com amor, dedicação e senso de beleza. A força especial do povo enteal iguala-se a um fogo eterno, que incandesce a Terra e todos os astros, construídos segundo a vontade onipotente do Criador. A física nuclear, com tudo o que lhe diz respeito, jamais aproximará o ser humano do mistério da vida."

Depois dessas palavras, Afarus afastou-se. Conversar com pessoas pretensiosas ultrapassava suas forças.

Ao ver que todos os presentes trabalhavam aplicadamente, também sem a rainha, Afarus concluiu que o trabalho afluía diretamente para os enteais. E assim deveria ser com os seres humanos.

Licos veio buscar Afarus. Viu logo que algo não estava certo.

"Já viste o homem Anton?" perguntou Afarus. "Ele intitula-se perscrutador do céu."

"Ah, aquele! Mandei-o para um grupo do nosso pessoal prestes a executar pesados trabalhos de terra.

Quero buscar Isa tão logo seja possível, pois estamos aguardando uma visita importante. É Mimir que chega!"

"Mimir?" perguntou Afarus surpreso.

"E eu quero que Isa escute tudo o que ele tem a dizer. Mimir é um terapeuta tão grande quanto Asclépio. Ambos encontram-se no mesmo degrau, pois a pátria deles é Valhala. Acho que o nome Olimpo é mais conhecido dos seres humanos. Nesse ínterim ela terá dormido bem, mas as maravilhosas pedras preciosas jamais esquecerá."

Aconteceu como Licos propusera. Já se haviam passado dois dias.

"De madrugada vamos buscá-la. Então a rainha também estará de volta."

"Esse Anton deve ter morrido na Terra, pois do contrário como é que poderia perambular aqui por toda parte?"

"Gostaria que ele desaparecesse, é apenas um perturbador pretensioso."

D E MADRUGADA eu me encontrava no reino da rainha Gaia. Tendo voltado completamente a mim, vi que tinha um vestido maravilhoso. Era de um rosa delicado, e sobre ele pendia uma capa de rendas, de cor lilás. Meus cabelos estavam enfeitados com um arranjo de flores.

"Eu gostaria de saber quem sempre me veste de modo tão bonito", pensei.

Mas Licos, que se encontrava próximo de mim, captou logo o meu desejo.

"Aqui, Isa! Esta é a fada que sempre te veste de modo tão bonito, sem que percebas. Chama-se Lisika. Ela cuida também de um grupo de fadinhas."

Quando eu quis agradecer-lhe, ela já tinha desaparecido.

Licos riu, conduzindo-me mais adiante, através de algumas moradias, até o palácio verde da rainha, ao grande salão de estar onde havia assentos estofados e macios.

Eu fui logo ao encontro da rainha, ajoelhei-me diante dela e coloquei minha cabeça sobre suas mãos, em sinal de gratidão. Senti que ela tocou de leve minha cabeça com sua boca. Depois me levantei.

"Aqui vês Mimir."

O salão era alto, não obstante me parecia que Mimir alcançava o teto. Estava envolto por um manto leve, de seda verde, que quase cobria totalmente sua roupa branca. Sentou-se, para que eu o pudesse contemplar melhor. Seu rosto era branco e muito simpático.

Seus olhos eram singulares, pois eu não via nenhuma parte branca. Eram inteiramente verde-claros, e os cílios pareciam estames, pois em suas pontas havia pontinhos amarelos.

"Mimir tinha a seu encargo todas as fontes de água terapêutica existentes na Terra. Ele enriquecia as fontes com as substâncias terapêuticas que nunca se esgotavam. Mas agora a situação dessas fontes é ruim. Mimir deixou a Terra. Entre os seres humanos não há mais nada que possa ser curado. Em toda a Terra não há mais nenhuma fonte de água terapêutica que possa curar alguém."

"Isso não está relacionado com as pesadas cargas cármicas", ouvi Mimir dizer. "Mas sim com a total negação do povo enteal, que construiu a Terra desde a base. Aliás, ela era de beleza paradisíaca antes que o ser humano de raciocínio começasse sua obra destruidora. Não preciso dizer mais nada, pois conheces a Terra melhor do que nós."

"Posso falar agora do morro?" perguntou Licos a Mimir.

Mimir acenou afirmativamente.

"O morro tinha, originalmente, uma grande gruta em seu interior, sem o recinto de cinco por cinco metros. Também não era necessário subir em blocos de rocha, para poder entrar lá. Os planejadores de montanhas, juntamente com os construtores que haviam levantado todas as montanhas da Terra, julgaram por bem deixar grutas ou espaços ocos em diversas montanhas. Naquela época, eles não sabiam o porquê, mas algo ou alguém os obrigou virtualmente a isso. O morro, onde as pedras preciosas são guardadas, tinha, em tempos idos, uma porta de entrada de bambu. Além da bacia de ouro de Mimir, não havia lá dentro nenhum tesouro. A bacia estava no centro da gruta, e certo dia gotejou água, através de uma fenda no teto, para dentro da bacia. Afarus subiu o morro, seguindo pela encosta, até chegar ao final, onde se encontravam algumas arvorezinhas novas. Aliás, estavam cobertas de trepadeiras de frutinhas; havia também muitas framboeseiras, que impediam o prosseguimento da caminhada. Mas antes Afarus já havia descoberto a pequena nascente, escondida atrás de folhagens verdes, a qual seguia por um sulco largo exatamente por cima da bacia de ouro, gotejando água, através de uma fenda na pedra, para dentro da bacia."

"Mimir tirou seu barrete da cabeça, e então vi que seus cabelos de cachos curtos se compunham de diversas cores. Do castanho, marrom-avermelhado, até o louro-dourado. Os cachos na testa eram de um louro bem claro, com um vislumbre esverdeado.

"Quando encontramos a água, foi um dia de festa para nós. Cada nascente em nossa Terra significa alegria e riqueza. Antes de tudo, aquele que vê em primeiro lugar tal presente ainda não perdeu totalmente a amizade dos enteais. Nesse caso os homens da água e as ondinas ainda simpatizam com ele. A água foi minha grande alegria!" disse Mimir. "Pois as águas terapêuticas que eu preparava ajudavam realmente. Naquela época ainda não existiam os medicamentos de hoje. Os seres humanos ainda sentiam verdadeira gratidão em suas almas. Mas esse tempo bom não durou muito. Cada vez, mais seres humanos sucumbiram às tentações de Lúcifer, considerando o raciocínio muito mais útil à vida terrena do que a intuição pertencente ao espírito.

O mal daquele tempo foi que muitas religiões surgiram, e cada uma delas trazia o pecado dentro de si. Nenhuma conduzia para cima, para a luz celeste. Quantos seres humanos, antes da chegada do tentador com seus engodos destruidores, haviam jurado servir sempre fielmente ao Todo-Poderoso Criador e amar o povo enteal!

Mal Lúcifer, o tentador, chegara, e já os fez entender, através de seus asseclas, que deveriam utilizar-se mais do raciocínio, pensando bem em tudo, antes de querer empreender algo. Pois o raciocínio era o instrumento mais importante no mundo em que viviam. Deixar-se levar pela intuição, apenas os faria indolentes, não enriquecendo ninguém. E a riqueza dominaria o mundo!..."

"Como está Asclépio?" perguntou a rainha.

"Não muito bem", respondeu Mimir. "O número de médicos que se orientam por ele diminui cada vez mais. Apesar do aumento crescente de pessoas que estudam medicina. Na Ásia em geral, bem como no Oriente e também na Índia, existem médicos que ficaram pobres durante toda sua vida, mas que ajudaram com seu saber inúmeras pessoas. Nos países da raça branca, a maior parte dos médicos tornam-se cada vez mais ricos. Pouco se importam se seus pacientes recebem ajuda ou não."

"Agora devemos falar sobre as pedras preciosas que deixaram Isa tão perplexa", disse a rainha. "Eu tinha guardado várias cestas com pedras preciosas num dos meus aposentos, e lá ainda estão muitas delas, apesar de os encarregados de pedras preciosas e trabalhadores da terra haverem enterrado grandes quantidades de joias em muitos locais do globo terrestre. Antes, as pedras preciosas foram coladas umas às outras com uma massa, para que pedaços bem grandes pudessem ser encontrados. Na verdade, essa massa não colava por muito tempo. Aqueles que as encontrassem poderiam facilmente dividir a peça grande, novamente, em diversos pedaços menores. Agora vem a parte triste que preferiria não contar", continuou a rainha sua narração. "Recebi a notícia da central, do Olimpo ou Valhala, de que deveria esconder tesouros e grandes obras de arte o melhor possível. Consultei os mestres construtores, que conheciam todas as montanhas, bem como grutas e espaços vazios escondidos, onde se pudessem guardar os tesouros. A gruta já citada foi determinada para isso. Evidentemente deveria ser retirada a porta de entrada que lá existia. A entrada desse morro deveria ser a mais difícil possível, para que ninguém tivesse a ideia de lá entrar.

E assim aconteceu. Primeiro se fechou a porta de entrada com um muro, e depois foram amontoados tantos pedaços de rocha, que certamente ninguém teria a coragem de aproximar-se deles. No entanto, teve de ser feita uma entrada, pois esse morro era apropriado como esconderijo. E assim, no lado detrás do morro foram colocados, uns sobre os outros, pedaços de rocha compridos e muito pesados, de tal modo, que facilmente se podia subir até a pequena entrada, que nesse ínterim tinha sido cortada na rocha. E essa entrada mal se via, visto que uma grande quantidade de liquens pendiam do morro, cobrindo-a pela metade e escondendo-a.

Enquanto as entradas estavam sendo preparadas, vários mestres pedreiros já trabalhavam no salão de cinco por cinco metros. À noite transportamos as pedras preciosas até o morro, para dentro do recinto que acabara de ficar pronto. Logo depois, os artistas em pedras preciosas começaram a preparar as paredes, a fim de fixar nelas as pedras preciosas, artisticamente. Pois bem, vós três vistes a maravilha desse pequeno recinto. Eu fui a primeira a ver", disse a rainha. "Nunca havia visto, em minha vida, tanta perfeição artística. Tive de fechar meus olhos várias vezes, do contrário não teria suportado o brilho."

"Posso entender por que os tesouros tiveram de ser escondidos. Veio um mensageiro de Valhala, anunciando que os asseclas de Lúcifer conseguiriam entrar e sair dos três setores da matéria grosseira, destruindo e levando consigo o que quisessem. Também as grandes fadas das flores e as fadinhas precisavam ser protegidas. Pois as fadas, certamente, não escapariam dos repugnantes asseclas. As fadinhas se encontram em lugar seguro. Todas elas estão numa elevação, circundada por rochas. Para quem não a conhece, a entrada é inacessível. Tristeza e mais tristeza", disse Mimir. "A Terra tornou-se, no mais verdadeiro sentido da palavra, um vale de aflições."

Eu estava sentada ao lado, silenciosamente, e sempre de novo tinha de enxugar minhas lágrimas. Que não precisasse voltar à Terra novamente! Afarus sentou-se ao meu lado, colocou seu braço no meu ombro e disse:

"Isa! Sê forte! Hoje é nossa despedida, mas nos veremos novamente, e então a alegria será bem maior!"

Mimir, ao ver minhas lágrimas amargas, disse:

"Caminhaste intocada pelo mal através da vida terrena. Permaneceste fiel aos enteais. Eles te consideram como se pertencesses a eles. Isso é uma elevada distinção!

Para ti foi uma grande graça poder ver os enteais em seu atuar!

Não percas nunca tua humildade, filha, pois a verdadeira humildade constitui riqueza espiritual!"

ADENDO

IMAGENS DAS OFICINAS DE MODELOS DOS PEQUENOS ENTEAIS

Novamente me foi proporcionada uma grande graça, pois eu pude observar, em parte, a atuação dos pequenos enteais na oficina de matéria grosseira, e com isso aprendi.

Abdruschin fala em sua obra *Na Luz da Verdade*, vol. 3, dissertação *Na oficina da matéria grosseira dos enteais:*

> "Nada existe na Terra que os pequenos enteais não tenham formado antes na matéria grosseira média, e ainda muito mais belo, mais perfeito! Tudo quanto acontece na matéria grosseira pesada, até mesmo a habilidade dos artesãos, o trabalho dos artistas, etc., é apenas *tirado* da já precedida atividade dos pequenos enteais, que já têm isso pronto, e muito mais ainda, na parte média e fina da matéria grosseira. E lá tudo isso é ainda muito mais aperfeiçoado, porque os enteais atuam de imediato nas leis da vontade de Deus, que é perfeita e, por isso, só pode exprimir o que é aperfeiçoado em suas formas. Cada invenção, mesmo a mais surpreendente, é apenas um *empréstimo* de coisas, já postas em prática pelos enteais em outros planos, dentre as quais muitíssimas ainda se encontram prontas para os seres humanos haurirem e transmitirem para a matéria grosseira pesada da Terra."

Seguem-se aqui breves descrições de algumas das inúmeras oficinas dos pequenos enteais.

Licos, a quem já agradeço antecipadamente, é novamente meu acompanhante. Encontramo-nos ao lado de um lago totalmente cheio de bambus que ali crescem, e olhamos para terras que se perdem de vista, onde, por toda parte, se encontram edificações compridas, redondas e quadradas, com telhados baixos. Suponho tratar-se de casas, pois todas, sem exceção, são densamente cobertas por trepadeiras de todo o tipo. Essas plantas produzem, além do mais, muitas flores, grandes e pequenas, bem como frutinhas e diversas espécies de cachos de uvas, que são vistos pendurados nos telhados. E assim não é possível verificar externamente de que material são feitas as paredes dessas edificações, singularmente belas. Licos, naturalmente, sorriu ao ver minha surpresa.

Esse sorriso desapareceu repentinamente do rosto dele, fato raro num enteal.

"Toda essa beleza, que estás vendo diante de ti, foi destruída, há algum tempo. Foram as hordas do anjo caído, que não apenas aqui, mas também na fina matéria grosseira, destruíram muitas coisas belas. As fadas das flores e também as fadinhas conseguiram ser salvas pela rainha Gaia. Os pequenos mestres e tantos outros, do povo enteal, que ali trabalhavam, puderam salvar-se nas florestas e grutas das montanhas, de modo que nada de mal os atingiu."

Licos conduziu-me primeiro até uma grande construção redonda. Essa edificação estava totalmente coberta por trepadeiras, cheias de pequenas flores amarelo-claras de intenso perfume. No caminho até essa construção ele me explicou que todas as edificações, tanto as grandes como as pequenas, eram feitas de junco, similar ao bambu que crescia no lago. Eu me refiro às paredes e também ao telhado. Todas as edificações tinham a altura de dois metros. Um estranho não percebe que as paredes são constituídas de delgadas hastes, pois os espaços intermediários tinham sido preenchidos com um mineral liquefeito, o qual fora então distribuído, uniformemente, sobre todas as paredes. Chegando à porta, vi que tinha duas partes, o que era muito prático, uma vez que só se deixava aberta a parte superior, enquanto a inferior permanecia fechada. Deixando-se aberta a parte inferior, entrariam "visitantes não convidados" nos compartimentos internos.

"Certamente já os viste", disse-me Licos.

"Estás te referindo aos inúmeros animaizinhos peludos e às pequenas aves coloridas que catavam toda sorte de insetos, nas proximidades do lago, e que também não desprezavam as frutas caídas no chão?" perguntei.

"Quase esqueci quão boa observadora tu és", respondeu Licos sorrindo.

À frente da edificação redonda, cujas duas portas estavam fechadas, Licos parou, afastando algumas trepadeiras floridas, penduradas ao lado da porta.

Então ele me mostrou um dispositivo, aparentemente de madeira e metal. Esse dispositivo se parecia com uma meia esfera, com diversas pontas. Quando então eu quis pegar uma alavanca saliente da esfera, Licos segurou rapidamente minha mão. Recuei assustada.

"Não faz muito tempo que temos esses dispositivos. Eles foram confeccionados por nossos grandes guias superiores de Valhala. Infelizmente, muitas coisas do plano mais fino, imediatamente acima de nós, já estavam destruídas, quando recebemos esses aparelhos auxiliares. E aqui, junto de nós, também havia um quadro caótico, quando eles saíram. Haviam deixado algumas edificações, provavelmente para nelas se alojarem.

Não sei se sobrou algum desses espíritos humanos depravados. Eles estavam tão absortos em sua obra de destruição, que nem notavam como suas hordas diminuíam.

Os heróis de Valhala, que, quando necessário, podiam tornar-se invisíveis, haviam matado, com suas igualmente invisíveis flechas, um a um desses invasores sinistros. Mal acabava de ser morto um desses malfeitores, e já os enormes auxiliares de Pluto, cujos olhos faiscavam de ira, rapidamente faziam a limpeza da região dos mortos. Algumas milhas adiante havia uma depressão comprida, transbordando lava incandescente. Lá foram jogados os salteadores.

No plano seguinte, mais alto e mais fino, as salamandras removeram os mortos. Pois também lá os heróis invisíveis de Valhala liquidaram os renegados espíritos humanos. As salamandras acenderam fogueiras gigantescas, e, pegando os mortos das mãos dos enormes auxiliares de Pluto, jogavam-nos na brasa chamejante, dando altos saltos."
Licos havia-me contado tudo em sua língua intuitiva, transmitindo exatamente o que se havia passado.
"E o que aconteceu com a rainha Gaia?" perguntei com o coração pesado.
"Nada aconteceu à nossa rainha!" disse Licos todo contente. "Ela possui um pequeno palácio no meio das montanhas, as quais estás vendo parcialmente cobertas pela neblina. Pequeno não é a expressão correta. Na realidade, foi construído como todas as nossas moradias e casas de trabalho. Contudo, é uma construção redonda, de tamanho maior, dividida em diversos compartimentos. Lá são guardadas as mais belas obras de arte existentes em nossos mundos. A própria Gaia é uma grande artista. Provavelmente existirão também, um dia, obras de arte na Terra, onde habitam seres humanos. Contudo, até lá ainda passará um longo tempo."
"Não há mais o perigo de esses adeptos do anjo caído aparecerem de novo?" perguntei a Licos.
Ele negou, meneando a cabeça, e mostrou-me o dispositivo com a alavanca, dizendo:
"Aqui vês um dispositivo de defesa controlado por ondas elétricas. Tão logo alguém tocar aí, mesmo que seja apenas com a ponta do dedo, cairá morto. Esses dispositivos foram confeccionados por mestres de Valhala. E o que vem de lá, pode ser designado de infalível."
Um aroma agradável nos envolveu, ao entrarmos na construção circular.
"Encontramo-nos na padaria. Hoje não podemos ver os pequenos e grandes padeiros, visto que, durante vários dias, estarão ocupados no palácio da rainha, atrás das montanhas", explicou Licos.
E continuou:

"Olha bem todos os produtos da padaria, que eles preparam com vários cereais, tubérculos, nozes, frutas, mel, leite, diversos condimentos e ainda muito mais vegetais, cujos nomes eu mesmo não conheço."

Surpresa, fiquei parada no meio do salão. Parecia-me enorme. Nas paredes estavam dispostas prateleiras por toda a volta. Nas prateleiras superiores viam-se trilhos, pelos quais escadinhas estreitas podiam ser empurradas de um lado para o outro.

Nesse salão havia ainda mesas redondas, quadradas e retangulares, com cerca de sessenta centímetros de altura. As prateleiras e as mesas pareciam ser de prata. Mas eu já sabia, através de Licos, que se tratava de um outro metal, semelhante à prata, o qual era utilizado em tudo onde fosse possível.

Havia tanta coisa para ver, que não sei por onde começar. Ao lado da mesa, onde eu estava, vi exclusivamente pães, das mais variadas formas e tamanhos. Sobre duas mesinhas laterais encontravam-se também somente pães. Todos estavam por demais apetitosos, exalando um aroma muito bom. As prateleiras estavam igualmente cheias dos mais variados produtos de panificação, inclusive de bolos de frutas de todos os tipos.

Numa mesa redonda menor havia apenas um grande pão no centro. Em volta dele encontravam-se inúmeras gamelinhas com diversos tipos de cereais, para mim desconhecidos, todos moídos grosseiramente. Entre eles não havia trigo. Mas eu já sabia, por intermédio de Licos, que os mestres padeiros não estavam usando farinha branca. E o trigo nem era plantado. Eu teria necessitado de um dia inteiro para contemplar todos os produtos de panificação ali expostos.

Quando expressei a Licos minha admiração a respeito de tantos tipos de pães e bolos, ele disse, sorrindo, que eu havia visto apenas uma pequena parte da riqueza que a natureza mantinha à nossa disposição.

Licos abriu a porta de um salão lateral e indicou para diversas espécies de cereais e outras plantas que cresciam nos mais variados vasilhames e potes, distribuídos pelo salão. Este estava tão superlotado, que apenas jardineiros pequenos podiam entrar ali.

"Estás vendo as inúmeras gamelinhas de madeira, que se encontram nas prateleiras", disse Licos explicando. "Elas todas contêm os produtos necessários às plantas. Mas precisamos prosseguir", acrescentou Licos.

O tipo de construção da segunda casa, onde entrávamos nesse momento, parecia, exteriormente, igual ao da primeira edificação que tínhamos acabado de deixar.

"Olha muito bem tudo o que eu te mostro", disse Licos. "As explicações te darei mais tarde."

A segunda casa estava instalada diferentemente. As prateleiras eram mais largas e mais altas, e as mesas, que se encontravam um pouco mais à frente delas, tinham a largura de mais ou menos meio metro, ocupando quase o comprimento da parede. Por toda parte encontravam-se armações largas em forma de degraus; algumas, aliás, possuíam degraus em ambos os lados, enquanto que outras tinham a forma de pirâmide. As tábuas dessas armações eram largas, de modo a oferecerem bastante espaço. Na ponta das pirâmides estava fixada uma tábua redonda. Essa tábua tinha a cor violeta e era muito brilhante. Depois Licos explicou que a tábua provinha de um tronco de árvore de cor violeta. Sobre uma das tábuas encontrava-se uma cesta; dentro dela, provavelmente, havia um vasilhame, pois dali crescia uma arvorezinha com aproximadamente meio metro de altura, onde pelo menos cinco pêssegos avermelhados pendiam.

Peguei numa das frutas, para ver se era legítima. E era mesmo. O pêssego tinha a casca aveludada e, tocando nele, parecia estar maduro... Licos aproximou-se de mim e disse que eu deveria ver as múltiplas peças de cozinha que os pequenos mestres haviam confeccionado para as mulheres terrenas.

"Estás vendo frigideiras, panelas, terrinas, caldeirões, jarros e muito mais ainda. É a melhor aparelhagem para cozinha que existe", declarou Licos.

Quantos materiais diferentes os pequenos mestres haviam empregado! pensei surpresa.

"Todas as vasilhas, que estás vendo aqui, são à prova de fogo. Os fogões ainda se encontram nas oficinas, situadas em outro terreno. Aqui é apenas um salão de exposição", acrescentou Licos.

Eu não podia imaginar onde tudo isso seria utilizado.

"Percebo que viste tudo, e pensas no que seria utilizada a quantidade de coisas amontoadas nestas poucas casas!"

Senti-me um pouco envergonhada, por eu mesma não ter chegado a uma conclusão. Pois tudo o que os enteais faziam tinha seu sentido e sua finalidade...

Licos havia, evidentemente, assimilado meus pensamentos, mas não reagiu a eles, e disse:

"Agora te mostrarei louças maravilhosas."

Mais uma vez olhei em volta e depois o segui. A casa em que nesse momento entramos se parecia com as outras que já havíamos visto. Ele abriu a porta, com a máxima cautela, para, de modo algum, tocarmos na alavanca mortífera. Logo depois, nós nos encontrávamos num salão, onde eram guardados aparelhos de jantar belíssimos, em todas as cores e formas.

Jamais eu poderia descrever todos os materiais com que eram confeccionadas as múltiplas louças, depositadas nas prateleiras, mesas, nos cavaletes em degraus e também penduradas no teto. A primeira coisa que me saltou à vista foi a porcelana: xícaras, jarros, pratos, terrinas, etc., encontravam-se nas prateleiras e nas mesas do centro. Toda a louça, quando não totalmente branca, brilhava em belíssimas cores e formas. Num lado havia grandes vasilhas de cobre, que pareciam estar em brasa, de tanto brilho. Até um baú de cobre, colocado num lugar mais elevado, podia ser admirado. Na tampa estavam gravadas diversas figuras. Pareciam-me conhecidas, contudo antes que eu pudesse lembrar-me do que poderiam significar, veio Licos, conduzindo-me para o lado oposto, a fim de mostrar, também ali, os artísticos trabalhos dos pequenos enteais. Nesse salão eu tive sucessivas surpresas.

Tudo o que vi era de ouro. Ao entrar, eu não tinha reparado logo aquela maravilha, visto que uma cortina fina, que pendia do teto até o chão, encobria essa parte do salão. Licos somente a abriu quando veio me buscar, a fim de que eu também pudesse admirar as maravilhosas obras de arte em ouro.

O que logo me chamou a atenção foi um sarcófago de ouro, ricamente ornamentado, sem tampa. Estava sobre uma armação de mais ou menos meio metro de altura, de modo a poder ser visto detalhadamente de todos os lados. Naturalmente me assustei ao ver o caixão; intimamente esperava que nele não se encontrasse um morto. Eu ainda estava alguns passos distante daquela obra de arte. Essa peça artística, ricamente ornamentada, parecia-me ser de um metal de cor amarelo-clara, com um vislumbre esverdeado. Depois a cor mudou, e da amarela surgiu um ouro envelhecido, com tonalidades avermelhadas.

"Por que não te aproximas mais?" perguntou Licos sorrindo.

Eu nem tinha percebido que ele estava atrás de mim.

"Os baús de roupas da rainha Gaia são semelhantes a este. Que foi que te assustou tanto, a ponto de ficares parada repentinamente?"

"Não sei, mas este baú me lembrou, de algum modo, um sarcófago."

"Um sarcófago!... e não te aproximaste, pensando que nele havia um morto!"

Envergonhada, confirmei com a cabeça, olhando o "baú" de perto. Não sei como cheguei a esse pensamento tolo, julgando tratar--se de um sarcófago. Pois o baú era estreito e curto demais.

"Aqui está a tampa. Ela é fina, tem duas alças em cada extremidade e, no meio, um ramalhete feito de pedras preciosas."

Licos afastou-se novamente, e eu contemplei toda essa baixela em ouro. Os grandes e pequenos pratos, as taças, os cântaros; tudo com tampas ricamente adornadas. Grandes e pequenas travessas, terrinas, e até bandejas para servir, onde uma refeição inteira caberia. Numa prateleira ainda se encontravam jarros para vinho, de diversos tamanhos, todos enfeitados com frutas de ouro. Nesse meio-tempo, aprendi que se pode fazer vinho de todas as frutas. Numa mesa forrada de veludo avermelhado estavam expostos talheres de ouro, de diversos feitios.

E lá estava eu no meio da maravilha áurea, e ainda não tinha conseguido compreender por que tinha tomado o baú de roupas por um sarcófago.

Licos retornou e fechou a comprida cortina, ocultando a maravilha de ouro. Depois deixamos a casa.

"Hoje te mostrarei apenas mais uma casa, pois quero que vejas os modelos que nela se encontram. Depois te darei todas as explicações. Nem seria possível te mostrar tudo o que aqui está sendo confeccionado. São mais de cem oficinas, nas quais se trabalha constantemente. No meio disso tudo há muitas coisas, cuja finalidade e sentido eu mesmo tenho de pedir explicações aos pequenos mestres e artistas. Eu chamo, os que aqui trabalham, de pequenos, visto que é difícil encontrar neste local alguém com mais de um metro de altura. O tamanho dos entes operantes do nosso povo orienta-se segundo o trabalho executado por eles."

Eu acenei concordando, pois já os havia visto em todos os tamanhos, até gigantes.

A casa onde agora entramos era, ao contrário das outras, simples e sem adornos. As paredes eram feitas de hastes grossas e reluzentes, de cor verde-escura, semelhantes ao bambu. Apenas o aspecto lembrava o bambu... No salão não havia prateleiras. Vi mesas de diferentes tamanhos, todas forradas com um pano avermelhado. Também estas se pareciam, na altura, com as mesas das outras casas, isto é, não tinham mais de oitenta centímetros.

Nas mesas encontravam-se modelos de aviões, como eu nunca havia visto. Do forro pendiam modelos maiores, parecendo-se com navios. Licos indicou para um modelo, que se assemelhava a um tubo largo de foguete, o qual, porém, não voava em sentido vertical, mas sim horizontal. A cabine desse aparelho era como uma enorme bola de vidro, achatada em cima e em baixo. Pelo menos me pareceu ser de vidro. Atrás do achatamento superior via-se um bastão de mais ou menos um metro de comprimento, cuja extremidade era formada por uma bola com uma engrenagem de dentes de diversos tamanhos. O bastão e a bola pareciam ser de ouro. Em ambos os lados do grande tubo havia anexos. Nesses anexos vi janelas alongadas e, encostadas às paredes, poltronas muito confortáveis.

"Este avião é perfeito em sua construção. Contudo, é um sonho, do futuro, dos nossos pequenos mestres."

"Por que um sonho do futuro?" perguntei curiosa.

"Porque não haverá seres humanos capazes de fabricar um veículo tão perfeito!"

Entendi muito bem o que Licos expressou com essas palavras.

Por toda parte havia aviões nos mais variados tamanhos e feitios, sendo que alguns estavam pendurados. E todos se encontravam iluminados por dentro. Havia também alguns tão pequenos, que só poderiam servir para duas pessoas.

O ser humano não inventou nada que os pequenos mestres enteais já não tivessem confeccionado muito tempo antes.

Oficinas dos pequenos enteais existem em muitos lugares, em volta do planeta Terra. Naturalmente, não na parte mais densa da matéria grosseira, mas, como aqui, na matéria mediana e na mais fina.

Deixamos esse recinto e seguimos o belo caminho que acompanhava um riacho. Logo chegamos a uma edificação maior, totalmente coberta por um tipo de hera florida.

Licos parou diante da construção e disse:

"Nesta casa estão os mais belos tecidos de seda, produzidos com o material até agora existente à nossa disposição. No entanto, não vamos entrar, pois por hoje já viste bastante."

Licos tinha razão. Eu realmente estava um pouco cansada, de tantas coisas belas que havia visto.

"Logo uma das fadas das flores te servirá uma bebida, extraordinariamente gostosa, e que ao mesmo tempo atua de modo refrescante, para que não mais sintas cansaço. A fada já está esperando por nós no caramanchão."

Tivemos de andar mais um trecho, e eu olhei para as margens do riacho, onde estavam plantados salgueiros e hibiscos de flores grandes. Entre as árvores cresciam muitas plantas floridas, de folhagem vistosa, que eu não havia visto em parte alguma.

Depois da casa das sedas, havia ainda uma grande edificação quadrada. Após tê-la ultrapassado, Licos parou e entrou num caminho que conduzia até o caramanchão, onde poderíamos descansar. Antes de chegarmos ao caramanchão, eu quis saber o que havia naquela grande edificação. Perguntei, embora me envergonhasse de minha curiosidade.

Licos ficou pensando um pouco.

"Quase esqueci o que ela contém", respondeu ele rindo. "É a casa onde estão expostas várias máquinas de fazer papel, antigas e novas, bem como outros equipamentos, etc."

Nesse ínterim, chegamos ao caramanchão. No entanto, tivemos de dar uma volta em torno dele, uma vez que a entrada se achava no lado do lago. Na verdade, um lado inteiro era aberto. O caramanchão estava coberto por uma trepadeira, cujas flores tinham o perfume do jasmim. Licos indicou para os confortáveis assentos baixos, de um tecido de fibras. Mal sentamos, e chegaram duas fadas das flores, com finíssimos vestidos compridos, de cor lilás, compostos de várias camadas de tecido. Os cabelos avermelhados, penteados em dois cachos, pendiam-lhes pelas costas. Uma das fadas colocou duas grandes folhas verdes sobre uma das mesinhas e nelas depôs duas canecas de ouro, fechadas com tampas. Ela tirara as canecas de uma pequena cestinha.

A segunda fada, tão bela quanto a primeira, usava um vestido enfeitado com flores. Ambas eram altas, com mais ou menos um metro e setenta de altura. O que logo despertou meu interesse foi a cestinha da segunda fada, cheia de flores, muito maior do que a da primeira. Logo percebi que algo se mexia no meio das flores. A cestinha com as flores não tinha alça, de modo que a fada das flores a carregava na curva do braço, prensando-a firmemente contra si mesma.

"Bebe, Isa!" disse Licos.

Desatarraxei então a tampa e bebi. A bebida era única, contudo não posso descrevê-la. Sei apenas que senti seu efeito em todo o corpo.

"Segundo vossa linguagem humana, pode-se designar este líquido de fonte da juventude", disse Licos, enquanto bebia com grande prazer e vagarosamente o conteúdo de sua caneca.

Quando eu havia bebido tudo, devolvi a caneca e a folha à fada. A resistência da folha me surpreendeu.

"Vira-a!" aconselhou-me Licos.

Segui seu conselho, e vi que eu tinha um pratinho de ouro na mão, cuja superfície se parecia com uma folha, tanto no feitio como na cor. Os delicados traços, os quais, com as cores, se haviam transformado numa bela e reluzente folha, foram executados por grandes artistas.

Quando devolvi a caneca e o pratinho, a segunda fada colocou a cesta com as flores diante de mim. Uma minúscula mãozinha, que não ousei pegar, estendeu-se do meio das flores para mim. Logo depois vi, entre as flores, um rostinho de uma graciosidade indescritível, que no mesmo momento desapareceu de novo entre as flores. Mas logo a seguir a mãozinha estendeu-se outra vez, e agora a tomei na minha mão, passando de leve um dedo por cima dela. Logo depois escutei um tinir baixinho, que me pareceu quase um riso. Mas isso, provavelmente, apenas imaginei. Uma cabecinha tão pequena, certamente, não produziria tais sons.

Quando as fadas das flores haviam saído, Licos chamou minha atenção para o papel, semelhante à prata, com que as duas pequenas mesas estavam forradas. Passei a mão sobre o papel. Ele era tão macio, que nem notei ser papel.

"O brilho provém das escamas de peixes, que os pequenos enteais utilizaram na confecção", disse Licos. "Mas isso já faz muito tempo."

"Papel?"

Fiquei pensando durante algum tempo. Depois me lembrei de que foram os chineses os primeiros a conseguir a fabricação do papel.

"Tens razão", disse Licos. "Depois dos pequenos enteais foram os chineses os primeiros a tirarem proveito dos pequenos 'sábios'. Ainda podes ver em nossa oficina a pasta, da qual foi fabricado o primeiro papel. Essa pasta muito se assemelha à pasta dos chineses."

"Pasta?" perguntei surpresa.

"Sim, pasta! Aliás, uma pasta formada de cascas de árvores, cânhamo e pedaços de pano provenientes da nossa oficina de roupas. Com esses três materiais foi fabricado nosso primeiro papel", disse Licos. "Os chineses imitaram nossa pasta de papel quase exatamente, após várias experiências. De início tiveram alguns insucessos, relacionados à distribuição quantitativa dos materiais. Eles utilizaram também cascas de árvores, cânhamo e pedaços de pano de calças velhas."

"Os chineses devem ter sido muito sábios", falei admirada.

"Não foi tanto a sabedoria, mas sim inteligência, aplicação e esforços em adquirir sempre novos conhecimentos", explicou Licos. "Assim também puderam ser auxiliados. Um dos chineses teve um sonho, no qual observava três crianças, que faziam uma pasta, amassando os três materiais citados, sobre uma mesa de pedra. Essa pasta, não muito dura, elas estendiam sobre uma tábua larga, estirando-a em toda a extensão da tábua e alisando-a com uma bengala fina. As primeiras experiências não tiveram muito êxito. Contudo, ao verem depois a pasta seca, souberam que se encontravam no caminho certo."

"A China está tão distante das oficinas dos pequenos enteais! Lembro-me, agora, de que na China, Índia, aliás em todo o leste asiático, foram descobertas as mais belas sedas, quero dizer, a sua confecção."

"Agora compreendo o que tanto te surpreende", disse Licos. "Aos chineses, sem dúvida, foi permitido descobrir ainda muito mais. Entre esses achados se inclui também a bússola, um instrumento muito útil. Antes de te dar mais esclarecimentos, deves saber que nenhum ser humano pode inventar, formar ou confeccionar algo que não tenha sido criado já muito antes pelos pequenos mestres enteais, e do modo mais perfeito possível."

Licos percebeu que eu ainda não havia compreendido bem como tudo se interligava, e explicou:

"Depois que a singular espécie de animais, os babais, haviam deixado a Terra para sempre, os animais existentes foram distribuídos sobre o planeta todo, mesmo aqueles que durante a existência dos babais viviam em regiões confinadas. Cuidava-se dos animais, do mesmo modo como de tudo o mais. Foram distribuídos naqueles países e regiões que correspondiam às suas necessidades de vida. Foi um trabalho que exigiu muita prudência, pois, por toda parte para onde foram levados, devia existir também a comida que lhes fosse adequada, correspondendo à sua espécie. Cito apenas um exemplo: os bichos-da-seda do leste asiático. São borboletas das mais variadas espécies. Elas precisavam de variedades de plantas grandes, tipo arbustos, que produziam flores semelhantes a bolas verde-claras. Podemos citar ainda a 'Atlasspinner', a maior borboleta da Índia. Essa espécie de borboleta, por sua vez, necessita de outros arbustos. Em Madagascar produz-se seda até de uma espécie de aranhas. Todos esses são animais específicos, que precisam também de alimentação especial.

Para todos os animais, onde quer que tivessem seu espaço vital, tudo já fora preparado antes mesmo de se desenvolverem.

E agora responderei às tuas perguntas. Aliás, esqueci ainda de mencionar que os chineses possuíam os primeiros teares altamente desenvolvidos. Isa, será melhor que perguntes o que quiseres saber", disse Licos. "Pois pode ser que te tenhas lembrado de algumas coisas, enquanto eu falava."

Acenei com a cabeça afirmativamente.

"Realmente, tornei-me consciente de algo muito importante. Agora sei que existem, ao redor do globo terrestre, aliás na mediana e na mais fina matéria grosseira, várias oficinas dos pequenos enteais."

Olhei interrogativamente para Licos, e ele confirmou com a cabeça, observando-me, contente. Parecia-me que se alegrava, quando eu encontrava as conexões. Pois achava que meu espírito devia colaborar.

"Pelas diversas espécies de animais pequenos, como as borboletas, é responsável uma determinada espécie de enteais, que ainda não mencionei. Esses enteais cuidam para que em nenhum lugar lhes faltem aquelas plantas, arbustos e até frutas, onde possam sugar."

"Existem então outras espécies de enteais, que ainda não cheguei a conhecer?" perguntei algo surpresa, pois pensei nas múltiplas espécies que até o momento me foram mostradas.

"Sempre te serão mostradas coisas que obriguem teu espírito a refletir, proporcionando um saber superior."

"Lembro-me agora de algo. Posso perguntar?" indaguei um pouco acanhada.

"Certamente, podes perguntar! Pois sei que sempre serão perguntas, de cujas respostas poderás aprender alguma coisa", respondeu Licos.

"Como puderam ser inventados os primeiros aviões? Os aviões não se pareciam com os atuais, contudo voavam. Um dos aviadores até voou em redor da Torre Eiffel com seu aparelho primitivo!"

"Os aviões, como tudo o mais, não foram inventados, porém confeccionados segundo um modelo! Não querendo imitar Dédalo, deveriam trabalhar conforme os modelos disponíveis. No terreno das oficinas dos pequenos enteais encontra-se, ao lado de outras edificações altas, um tipo de hangar onde estão depositados os primeiros aviões em tamanho natural. Essas edificações, rodeadas de altas árvores, encontram-se no outro lado do riacho. Eu não tinha imaginado que aparelhos voadores te interessassem."

"Falaste Dédalo? Não seria, talvez, Ícaro, que se chamava assim?" perguntei curiosa.

"Esse Dédalo foi um ser humano comum, mas deu a entender aos seus amigos que descendia do Olimpo, encontrando-se na Terra apenas para conhecer os habitantes terrestres. Quando percebeu que seus amigos duvidavam de sua origem, dizendo que não havia deuses olímpicos na Terra, existindo unicamente algumas estátuas nos templos, esse Dédalo, ou Ícaro, como tu o denominas, queria, numa espécie de megalomania, provar aos seus amigos que poderia planar, tal qual um pássaro. Fazia pouco tempo que tivera um sonho, tendo visto um homem voando no ar, o qual possuía, em lugar dos braços, duas gigantescas asas. Fez, então, duas armações, que deveriam imitar duas grandes asas, e forrou-as com pano. A seguir subiu numa colina, e afastou-se mais ou menos cem metros da beira de uma encosta, correndo depois para aquela beirada, convicto de que as asas o carregariam encosta abaixo. Pois bem, elas o levaram para baixo, contudo, de tal maneira, que ele lá chegou... morto. Talvez o caso tenha sido um pouco diferente. Eu escutei-o de um espírito humano, que apenas me queria dizer como os seres humanos são frívolos e levianos com relação ao seu corpo, confiado pelo Criador. Ícaro, aliás, era considerado um dos filhos de Dédalo. Tudo isso me pareceu demasiadamente confuso, para que me interessasse mais profundamente pelo assunto."

"Pois já existe mesmo tudo o que os seres humanos criaram até agora?" perguntei, visto que eu não podia imaginar como tudo isso ocorria.

Licos olhou-me durante algum tempo, como se quisesse me traspassar com o olhar. Ele tomou minha mão, e voltamos pelo caminho até o riacho, sentando-nos num dos bancos baixos, mas muito confortáveis.

"Agora pergunto eu!" disse Licos. "Como podes confeccionar algo que nunca viste? Tomemos como exemplo um tecido de seda, um garfo de ouro ou até um avião!"

Pensei um pouco, a fim de ver se teria uma resposta. Mas tive de reconhecer que jamais poderia confeccionar um garfo de ouro ou nenhuma outra coisa que eu nunca tivesse visto, e também ninguém poderia fabricar tal coisa.

Licos confirmou contente com a cabeça e disse:

"Os primeiros espíritos humanos, que por intermédio dos babais vieram à Terra, sempre tinham enteais em suas proximidades, prontos para ajudá-los. Isto, porém, foi somente no início. Depois eles tinham de prosseguir com os próprios meios", disse Licos, interrompendo meus pensamentos. "Naquele tempo lhes foi ensinado tanto, que podiam prosseguir sozinhos. Pois deviam, pouco a pouco, tornar-se conscientes de suas capacidades espirituais!"

Licos, naturalmente, tinha razão. Devemos esforçar-nos espiritualmente. Sem esforços, nosso espírito torna-se indolente...

"Posso continuar falando?" perguntei em pensamento.

"Queres dizer, continuar perguntando", opinou Licos sorrindo.

"Pois já houve grupos de seres humanos, que há milhares de anos se juntaram, constituindo povos. Os pequenos mestres também já tinham preparado tudo o que esses seres humanos precisavam, para progredir espiritualmente?"

"Certamente", foi a resposta que assimilei de Licos.

Ao mesmo tempo ele chamou a minha atenção para os inúmeros pequenos grupos em volta do globo terrestre.

"Também para esses seres humanos já estavam prontas muitas coisas de que precisariam. Uma outra parte dos enteais, que não chegaste a conhecer, visto somente executarem as determinações dos discípulos de Asclépio, ensinaram-lhes como deviam viver, a fim de eles próprios se conservarem sadios, bem como a seus filhos. E não deves esquecer quanto tempo já se passou desde aquela época. Eu tenho conhecimento de que os pequenos mestres já há muito estão trabalhando. Provavelmente, começaram quando aos primeiros seres humanos foi permitido vir à bela e sabiamente construída Terra. Tudo o que os pequenos enteais haviam confeccionado, foram coisas que somente seriam necessárias após milhares de anos."

"Mas como os pequenos mestres sabiam o que os seres humanos precisariam mais tarde?"

"Os pequenos mestres já tinham trazido todas as instruções; além disso, eram-lhes mostradas, de tempos em tempos, imagens das alturas olímpicas, das quais eles podiam fazer modelos."

"Ainda não consigo compreender como os pequenos enteais, em suas oficinas, e há tanto tempo, já sabiam o que os seres humanos, um dia, confeccionariam!"

"Tudo o que ainda tenho a dizer, compreenderás somente mais tarde", explicou Licos. "Os enteais possuem, além disso, um dom específico, sem dúvida, extremamente importante! Eles jamais esquecem alguma coisa, o que não posso dizer em relação aos seres humanos. A teu respeito é compreensível que esqueças algo, visto que durante os longos períodos de tempo apenas pouco te pudemos mostrar e ensinar."

Refleti se, apesar de todos os meus esforços, não havia me esquecido de algo. Licos riu, ao me ver pensar tão concentradamente, e disse:

"Fazemos tudo o que de nós esperam, sem nos preocuparmos com uma cronologia. Para vós, a palavra tempo é importante. Mas em relação à nossa existência, tempo não constitui nenhum conceito."

Lembrei-me dos seres humanos dos tempos primitivos... Há quantos milhares de anos isso ocorreu, infelizmente esqueci...

"Provavelmente houve em tua vida ocorrências que preferirias esquecer", interrompeu-me Licos.

Assustada, olhei para ele; depois, ambos rimos.

"Estás lendo em minha vida, como num livro! Não é assim, Licos? E eu nem ao menos sei se estás amando uma mulher!"

"Infelizmente nada posso explicar-te sobre isso. Pois nosso amor é tão sobrepujante, que não vejo nenhuma possibilidade de explicá-lo em vossa língua. Com isso quero dizer o amor do nosso povo inteiro!"

"Desculpa-me a pergunta boba", falei envergonhada.

"Continua falando. Eu não devia ter-te interrompido!" disse Licos sério.

Precisei pensar um pouco, pois quase tinha esquecido o que queria dizer. Felizmente me lembrei de novo:

"Eu queria dizer que pequenos grupos de seres humanos, estabelecidos em diversas regiões da Terra, orientavam sua vida de acordo com a posição do Sol. Ouvi falar de relógios solares. Eles também foram confeccionados pelos pequenos mestres?"

"Certamente. Aliás, tudo o que se relaciona com a vossa cronologia, não apenas a duração de um ano, os eclipses solares e lunares, pois existe muito mais ainda para aprender sobre nossa pátria celeste.

Quanto à astronomia, os pequenos mestres colaboravam com um grupo de grandes enteais, que podiam ser chamados de 'sábios'.

E em relação ao espaço celeste, os primeiros povos que se formaram eram muito mais adiantados do que os seres humanos de hoje com todos os seus instrumentos. Pois muitas dessas pessoas, tanto homens como mulheres, ainda podiam perceber a matéria grosseira mediana. E alguns deles ficavam acordados durante a noite, a fim de observar o movimento dos astros. Vendo a aplicação desses seres humanos, os enteais sábios se aproximavam deles, ampliando seu dom de observação.

Esse saber se transmitia de geração em geração, até o momento em que uma alteração se iniciou no curso puro da vida desses seres humanos. Isso, entretanto, ocorreu quando o inimigo do onipotente Criador, o arcanjo Lúcifer, em seu reino das profundezas, difundiu, por intermédio de seus servos, a mentira entre os seres humanos."

Licos permaneceu sentado, aguardando, pois pressentia que eu ainda tinha uma pergunta, provavelmente muitas.

"Não posso demorar mais tempo com meus esclarecimentos. Precisas saber como se constitui a ligação entre os pequenos mestres obreiros e os seres humanos."

"Apenas uma pergunta ainda, Licos. E desculpa-me, por sempre de novo estar te importunando."

"Pergunta!" disse Licos. "Mas depois será a minha vez, pois, antes de nos separarmos, devo explicar-te algo importante ainda."

"Separar?" perguntei assustada. "Não estamos tão longe um do outro!"

"Tens razão. Enquanto eu me encontro numa das partes da matéria grosseira, a fina ou a mediana, nossa comunicação é bem simples. Contudo, fui chamado para Valhala, uma vez que devo saber algo ainda, antes que se inicie o fim dos seres humanos pervertidos. Poderosos membros do nosso povo já estão atuando acima das nuvens. Eles trabalham em conjunto com outros grandes enteais e com um grupo de gigantes, incansavelmente, para que a Terra, com o grande extermínio de seres humanos, que é de se esperar, não seja demasiadamente afetada. Quero dizer, devido às transformações da Terra, tornando impossível a continuação da vida.

Isto, naturalmente, não pode acontecer, pois sobrarão ainda muitos seres humanos que merecem ser salvos. Ou, digamos melhor, nos quais ainda existe uma possibilidade para isso."

Fiquei sentada, calada, pensando nas muitas calamidades em torno do globo terrestre e nas alterações climáticas.

"Por causa dos seres humanos já muito estragados no corpo e na alma, visto que em suas diversas vidas na Terra se afastaram cada vez mais da Luz e da vida eterna, eu não me preocupo. Contudo, não será prejudicado com isso também o povo enteal? Cheguei a conhecê-los e amá-los, e me dói o coração ao pensar que eles devam sofrer por causa dos indignos seres humanos."

"Não te preocupes. Sabes que não existe injustiça na construção da Criação. E agora responderei tua última pergunta, que contém um pedido. Pois sabes que eu assimilo tuas perguntas, já antes de as teres pronunciado."

Confirmei com a cabeça, depois peguei a mão dele e apertei-a contra meu coração. Eu não conhecia outra maneira de expressar minha gratidão.

"Querias ver ainda um salão de exposição de brinquedos para crianças! Eu apenas poderia mostrar-te os utensílios agrícolas para aqueles que querem trabalhar manualmente em hortas e campos. Nesse salão existe uma seção dos mesmos utensílios, porém em tamanho pequeno. Foram confeccionados para crianças. Pois era desejado que elas, durante uma parte de seu tempo livre, se ocupassem com a terra, pedras, areia, etc. Assim aprenderiam a amar a sua Terra pátria, e mais tarde, então, quando já adultas e ativas em sua vida profissional, tudo fariam para que não fosse destruído aquilo que torna a Terra rica e bela. Infelizmente, nada do que fora previsto se realizou. Não vale a pena falar mais sobre esse assunto."

Licos olhou calado para mim, indagando se eu tinha compreendido tudo. Eu apenas confirmei com a cabeça, sem falar nada, mas pensando aí nas figuras horrorosas que as crianças, hoje em dia, recebem para brincar.

"Agora tentarei explicar-te de que maneira se processa a aproximação entre os pequenos mestres e os seres humanos", disse Licos.

"Temos de voltar ao longínquo passado, a fim de que aprendas como as coisas foram no início. Em todos os grupos de seres humanos que puderam vir à Terra, através dos babais, e que se estabeleceram nos mais variados locais em volta da Terra, sempre existiam pessoas estreitamente ligadas aos enteais. Principalmente com os pequenos mestres, que fabricavam tudo o que os seres humanos, pouco a pouco, precisavam para incentivar o seu desenvolvimento espiritual. E justamente também esses seres humanos eram conduzidos, na matéria grosseira mediana, para aquelas oficinas que correspondiam às suas aptidões. Isso, naturalmente, acontecia durante a noite, enquanto os corpos terrenos dormiam, isto é, acontecia com seus corpos de matéria grosseira mediana, com os quais tinham muitas vivências. Contudo, nem todos os seres humanos se afastavam dos lugares onde suas casas de matéria grosseira se encontravam. Eles ficavam, geralmente, sentados junto com pessoas que conheciam na Terra, até acordarem na manhã seguinte em seus lugares de repouso ou leitos.

Na época da qual aqui se fala, a Terra ainda não era tão superpovoada. Havia pessoas que, à noite, quando seus corpos terrenos dormiam, não se preocupavam com os seres humanos que encontravam em suas caminhadas noturnas. Sempre de novo admiravam a maravilhosa natureza e os confiantes animais com que deparavam. Caminhavam em todas as direções, como que à procura de algo.

E achavam, mesmo, aquilo que inconscientemente procuravam; espiritualmente procuravam... Uma vez que os seres humanos não entendiam a transmissão silenciosa de pensamentos, através da qual os enteais – pelo menos uma parte deles – podiam entender-se com os seres humanos, foram-lhes mostradas imagens correspondentes, na matéria grosseira mediana, durante o sono dos corpos terrenos.

Devo intercalar aqui que todos os espíritos humanos, que através dos babais puderam encarnar-se, possuíam faculdades espirituais, necessitando apenas de um toque para se desenvolverem no sentido certo.

Os seres humanos dos quais aqui se fala pertenciam à raça branca. Já estavam formando um pequeno povo, mas ainda viviam de modo muito primitivo. A região era, como outrora em toda parte, muito bela e não poluída. Havia rios fundos e altas montanhas, cobertas de florestas. Em alguns lugares, viam-se amontoados de terra de cor branca, azulada e amarela, semelhante à argila.

Às vezes, esses seres humanos, que durante a noite terrena se alegravam com tudo o que avistavam, encontravam desconhecidos, cujas roupas finas causavam-lhes admiração. Com os desconhecidos, que encontravam cada vez mais frequentemente, conheceram também outras coisas. Até pães, que eram muito mais fofos.

'Nossos pães são pesados como pedras!' disseram duas mulheres, certo dia, a um dos desconhecidos, que lhes oferecera um pão, dizendo que elas mesmas poderiam aprender a fazer esses pães. Apenas deveriam querer.

'Queremos, sim. Dize-nos como devemos proceder.'

'Eu mesmo não posso ajudar-vos', disse o desconhecido. 'Mas quando estiverdes novamente na Terra, pedi aos guias enteais, dos quais alguns ainda se encontram nas proximidades dos seres humanos. Eles vos ajudarão em tudo, se vossa vontade for séria.'

'Contarei ao meu irmão a respeito dos belos tecidos que vi no bondoso desconhecido', disse uma à outra, enquanto faziam projetos em conjunto, após o desconhecido sair. Pelo menos não mais o viram em nenhum lugar.

As mulheres fizeram como o desconhecido lhes havia aconselhado. Pediram aos guias enteais, que naquele tempo ainda significavam algo para todos, repassando o conselho do desconhecido a outros também.

Daí em diante muitos passaram a contar seus sonhos, que pareciam horas de ensino.

À noite, enquanto dormiam, eram conduzidos até as oficinas dos pequenos enteais, aliás, com uma velocidade, que é algo específico e exclusivo desse povo. Alguns foram levados para dentro das oficinas, onde os pequenos mestres estavam trabalhando, e puderam ver muitas coisas: panos, objetos para usar em casa, móveis, fornos, diversas folhas e frutas com as quais, adicionando mel, podiam preparar um nutritivo alimento, principalmente para as crianças.

Relativamente poucos foram levados para dentro das oficinas, pois era desejado que todos aqueles aos quais era permitido aprender algo transmitissem seu saber aos outros também. Os visitantes das oficinas sempre destacavam que os mestres nada lhes explicavam por palavras, portanto era de se supor que não conheciam a língua dos seres humanos. Mas isso nada significava... pois esses extraordinários mestres possuíam o dom de mostrar com as mãos tudo o que interessasse aos visitantes. Tratando-se, porém, de instrumentos que precisavam ser montados e desmontados havia necessidade, em alguns casos, de uma explicação verbal. Então, de repente, estava presente um ser humano, explicando-lhes tão bem em sua língua, que os pequenos mestres ficavam contentes.

O homem que conhecia e falava bem a língua dos seres humanos mostrou aos visitantes, quando um dia seguiam o caminho ao lado do riacho, as inúmeras oficinas, de diferentes tamanhos.

'Nestas edificações já se trabalha para as próximas gerações. O desenvolvimento espiritual, pois, tem de prosseguir sem interrupção! Entre os veículos de rodas e voadores existem ainda tantos utensílios e construções; tudo, naturalmente, em tamanho reduzido, mas todas essas coisas são confeccionadas com a máxima perfeição. Até as medidas necessárias para a construção de grandes e bonitas casas de moradia, no meio de jardins, são indicadas. Contudo, os seres humanos possuidores de destacadas propriedades artísticas deverão, primeiro, encarnar-se num povo que ainda virá. Aliás, num povo que será incondicionalmente fiel ao nosso onipotente Criador! Ouvi, lamentavelmente, que o hostil arcanjo Lúcifer já ganhou adeptos entre os seres humanos...'

'Como podemos agradecer aos pequenos mestres enteais?' perguntou uma mulher à sua filha adulta. Ambas estavam sentadas diante de um bolo coberto de frutas, como nunca ainda haviam visto nem comido.

Nesse momento, o vizinho da mulher, que se chamava Monina, entrou no aposento. Estava mancando e tinha um pé ensanguentado. Ele disse:
'É apenas um espinho, mas já o tirei.'
E acrescentou:
'Eu gostaria de pedir aos pequenos mestres que me mostrassem sapatos mais fortes.'
'Faz isso!' respondeu Monina. 'Mas teu pedido deve ser profundo e legítimo! Deve brotar do teu espírito.'
'Sei que alguns pediram, mas não foram atendidos', disse a filha.
'Pois bem, vou pedir tanto até ser ouvido!' disse o homem e saiu mancando.

'Os sapatos de junco e trepadeiras, realmente, não são tão resistentes como parecem. Os pequenos mestres, certamente, têm um material melhor, mais próprio para caminhar! Tenho a impressão de que podemos aprender tudo o que enriquece nossa vida!'

Monina acenou com a cabeça, afirmativamente. Ambas as mulheres deixaram depois a casa..."

Q<small>UERO TERMINAR</small> agora com palavras da Mensagem do Graal, *Na Luz da Verdade*, de Abdruschin.

Aliás, palavras do vol. 3, dissertação *O enteal*:

"Se falarmos, porém, *dos* enteais no plural, então se entenderá com isso *aqueles* enteais, sob os quais imaginastes até agora o enteal como tal.

Pertencem a estes, todos os entes que se ocupam com *aquilo* que os seres humanos, de modo muito superficial, denominam de *natureza*, à qual, portanto, pertencem mares, montanhas, rios, florestas, campinas e campos, terra, pedras e plantas, ao passo que a alma do animal, por sua vez, é algo diferente, mas também se origina dessa região do simplesmente enteal."

AS SÍLFIDES

Vamos acrescentar algo ainda sobre as delicadas e dóceis criaturas da Luz, os silfos e as sílfides.

Os silfos e as sílfides são entes masculinos e femininos, respectivamente, de grande beleza e de uma altura de cerca de dois metros. Esses seres são responsáveis por todas as espécies de fragrâncias. Em resumo, são responsáveis por tudo o que floresce na terra e na água. Existem muitas plantas, cuja fragrância os seres humanos não mais conseguem perceber com o olfato. Também as folhas e as sementes, grandes ou pequenas, têm sua exalação específica. Quando as flores ou outras plantas são transplantadas para região diferente, sua fragrância se altera. Isso as sílfides sabem evitar, uma vez que misturas não são desejadas. Não me foi explicado como isso se processa.

As sílfides, aliás, vivem e atuam na parte mais fina da matéria grosseira. Não obstante, pode-se, ainda hoje, sentir intuitivamente seu atuar na matéria grosseira mediana. Somente na Terra de matéria grosseira não se pode perceber mais nada desses maravilhosos seres. A destruição e a conspurcação do outrora tão maravilhoso planeta Terra afugenta todos os entes, apavorados, os quais, em tempos longínquos, aqui trabalharam, incansavelmente...

Um espaço celeste, tal como na Terra de matéria grosseira, onde se veem apenas nuvens e astros, não existe na fina matéria grosseira nem na mediana.

Descrevo as sílfides no espaço celeste grosso-material, para onde frequentemente iam, quando os seres humanos ainda não tinham pecados. Antes de chegarem, ouvia-se uma música singular e maravilhosa, que parecia vir das alturas. Em seguida chegavam as sílfides. Grinaldas de flores as interligavam. Suas magníficas vestes coloridas, semelhantes a um véu, eram tão compridas, que cobriam seus pés. Em grupos de dez, sempre ligadas por uma grinalda de flores, moviam-se rapidamente para cima e para baixo, e parecia-me como se grandes árvores movimentassem seus galhos. Com cada movimento se alteravam as cores de suas vestes. Às vezes pareciam totalmente brancas. Também os cabelos compridos, que caíam sobre suas costas, pareciam brancos. Todas usavam um adorno na cabeça, de pedras preciosas ou de um metal, que poderia ser ouro.

Seguiam celeremente para frente. Às vezes subiam bastante, parecendo que escalavam uma montanha.

As últimas dez que passaram por mim, pude ver bem. Aliás, vi olhos em forma de flores, como nunca antes havia visto. Imagine-se uma margarida, em cujo centro uma grande e belíssima pedra preciosa, tal como um olho, olhasse para fora, cercada de uma coroa de finas pétalas. De repente, vi que todas possuíam olhos em forma de flores. As cores eram tão variadas, que não poderia defini-las.

Apesar de terem passado rapidamente, suas mãos estavam em constante movimento, como se formassem algo. Poderiam ter sido flores, galhos, capins ou algo similar. Enquanto eu observava os rápidos movimentos das mãos, vi também os escudos que cobriam a parte superior da mão. Esses escudos, que pareciam ser compostos de bolinhas de ouro, ficavam presos no pulso. Semelhantes escudos de mão, vi em algumas princesas das flores. Mas aqueles tinham o aspecto de redes auriprateadas com diamantes incrustados.

A maravilhosa música que acompanhava as sílfides era tão comovente, que durante todo o tempo, sem que percebesse, lágrimas gotejavam dos meus olhos. Pouco tempo depois, fiquei sabendo que os silfos, que haviam acompanhado as sílfides, encobertos pelas nuvens, tinham tocado instrumentos musicais desconhecidos dos seres humanos.

Hoje existem somente na parte fina da matéria grosseira algumas espécies de fadas e sílfides. Essas delicadas e belíssimas criaturas, que ao mesmo tempo cuidam das fadinhas das flores, estão sendo levadas para lugar seguro nas alturas olímpicas. Pois a rainha Gaia, que continua em seu palácio entre as montanhas, é de opinião que onde existam seres humanos terrenos, nada mais é seguro. Com isso ela se refere à matéria grosseira mediana, acessível aos seres humanos terrenos quando é noite na Terra e os corpos de matéria grosseira descansam, oportunidade em que seus corpos mais finos, adaptados à matéria grosseira mediana, podem movimentar-se livremente nessas regiões. Contudo, apenas enquanto a noite terrena perdura.

EXPLICAÇÃO ADICIONAL SOBRE O GRANDE POVO DOS ENTEAIS

Terminei o livro *O Nascimento da Terra* pensando ter descrito tudo de maneira compreensível. Contudo, depois de falar com várias pessoas, tornou-se claro para mim que a palavra "enteal", nos seres humanos que com isso se ocupam, ainda não permite surgir o conceito correto. Eles podem imaginar, sim, gnomos, ondinas, elfos, fadas, etc. Mas isso não basta.

Por isso escrevo ainda algo, adicionalmente, sobre esse tema.

O enteal constitui um povo gigantesco que, alcançando o altíssimo divinal, tem também lá seu campo de ação.

Ao povo dos seres humanos ou espíritos humanos isso não é possível. A pátria deles encontra-se nos diversos setores do Paraíso, onde também estão seus campos de atividade. Aos seres humanos jamais seria possível criar uma árvore ou uma estrela. Essa possibilidade somente é dada ao povo enteal. Eles não somente criam aquilo que chamamos de natureza, mas também tudo o que surge nos imensos espaços celestes, até as alturas máximas. Sejam luas, sóis, planetas, etc. Nos imensos espaços celestes ainda existem inúmeras formações de astros, que não podemos ver nem denominar com o nosso idioma.

Entre os enteais existem muitos que, exceto pequenas diferenças, se assemelham aos seres humanos. Não aos de hoje, mas sim aos seres humanos de antes do pecado original: altos, bem-proporcionados, sadios e providos de forças, as quais perderam totalmente. Falando-se aqui de forças, trata-se não apenas de forças terrenas, mas também de forças espirituais.

Além das formas humanas, existem, naturalmente, inúmeras outras formas, adaptadas ao trabalho a ser executado pelo respectivo enteal. Por exemplo, um enteal de forma humana comum não poderia fazer surgir uma montanha. Aí devem os gigantes e outros enteais semelhantes erigir as montanhas previstas. Também os enteais que lidam com as águas devem possuir corpos adaptados ao elemento em que atuam. E assim segue. Existem milhões de enteais nas mais variadas formas, na maravilhosa Criação, trabalhando ininterruptamente segundo planos que lhes são enviados por centrais dirigentes. A central mais baixa encontra-se num enorme setor do Olimpo. As outras centrais encontram-se em partes do Universo, das quais o ser humano jamais ouvirá algo. Na realidade, os povos enteais são os senhores da Criação!

Os espíritos humanos, cuja pátria se encontra nas diversas divisões do Paraíso, representam, na realidade, apenas uma pequena parte dos habitantes da Criação, se os compararmos com os poderosos e eternamente fiéis enteais.

A respeito dos reinos que ficam abaixo do Paraíso, os seres humanos, na maior parte, somente têm causado danos. Por toda parte destruíram os reinos da natureza, construídos por mãos carinhosas, os quais deveriam ter servido para o desenvolvimento progressivo deles.

O povo enteal, em sua fidelidade à Luz, tem se tornado cada vez maior e mais forte, ao passo que com o povo dos seres humanos se deu o contrário.

É chegado o fim. As profecias a respeito do Juízo Final, que surgiram de tempos em tempos, tinham apenas uma finalidade: não deixar que os seres humanos se esquecessem do Juízo Final.

E chegou a hora. Encontramo-nos na última fase do Juízo, e o ser humano tem de comer os frutos amargos daquilo que semeou. Na Terra inteira podem ser vistos, nitidamente, os efeitos. Só que esses efeitos são totalmente diferentes daquilo que o ser humano imaginou.

Com esse epílogo, espero ter facilitado para muitos leitores a compreensão sobre o povo enteal.

RELAÇÃO DE NOMES

Ieloas é o protetor dos animais que vivem nos astros de Éfeso. Ele descende de um dos filhos de Wotan.

Ikun é um dos dirigentes dos entes aquáticos.

Noks são entes aquáticos menores, cuja incumbência é cuidar que as águas, em nenhuma parte, sejam poluídas. Com exceção dos mares. Posteriormente, quando os mares foram navegados pelos seres humanos, vieram entes marinhos maiores, masculinos.

Ullas são entes femininos de mais ou menos meio metro de altura, que ajudam os incontáveis passarinhos a se libertarem de seus invólucros na hora da eclosão.

Inos são pequenos entes masculinos que também ajudam os animais grandes.

Licos é o nome do meu acompanhante enteal.

Afarus é o nome do meu acompanhante espiritual.

Tho é o nome de um dos protetores de animais.

Hoje eu vi dois jovens, um menino de aproximadamente doze anos de idade, chamado **Tiso**, e uma menina de mais ou menos catorze anos, de nome **Ioni**. Ambos são espíritos humanos que se encarnaram em mães babais.

Gauê e **Kintos** são protetores de crianças, pode-se chamá-los também de tutores ou até de instrutores. Eles vieram para apoiar os jovens espíritos humanos que acabavam de se encarnar. Contudo, somente apareciam quando os jovens espíritos humanos os chamavam, necessitando deles. Nós todos estávamos surpresos pela rapidez com que os jovens espíritos humanos souberam ajudar-se.

A valquíria **Lephasa** e a rainha **Gaia** muitas vezes se dirigem para regiões onde determinados trabalhos são executados.

Iumim chama-se o animal de montaria de Lephasa.

Ics é o nome dos jovens que trabalham nos jardins da rainha Gaia, selecionando as sementes.

Pluto é o senhor do fogo eterno da Terra.

Nacitas são agrimensores enteais. A palavra "agrimensor" é, a bem dizer, inadequada, uma vez que de nenhuma forma é comparável com o "medir" aplicado pelos seres humanos.

Os entes vestidos de vermelho do povo enteal **dalas**, chamados posteriormente de "anões", já há muito tempo não são vistos na Terra.

Os **taios**, os **noikes** e os **kints** são entes dirigentes na mineralogia.

Damant é o nome do ente aquático masculino, e **Dai**, o nome da ninfa.

Lisika é uma fada das flores e guardiã das fadinhas. Ela vive no reino de Gaia, e foi ela que sempre me deu os maravilhosos vestidos.

Mimir é um dos enteais que se ocupa com as forças curativas da água. Enquanto os seres humanos estavam conscientes da força da água, curavam-se até doenças difíceis de serem curadas. Aliás, os seres humanos naquele tempo ainda não estavam tão carregados carmicamente, como os da época de hoje.

AO LEITOR

A Ordem do Graal na Terra é uma entidade criada com a finalidade de difusão, estudo e prática dos elevados princípios da Mensagem do Graal de Abdruschin "**NA LUZ DA VERDADE**", e congrega as pessoas que se interessam pelo conteúdo das obras que edita. Não se trata, portanto, de uma simples editora de livros.

Se o leitor desejar uma maior aproximação com as pessoas que já pertencem à Ordem do Graal na Terra, em vários pontos do Brasil, poderá dirigir-se aos seguintes endereços:

Por carta
ORDEM DO GRAAL NA TERRA
Rua Sete de Setembro, 29.200 – CEP 06845-000
Embu das Artes – SP – BRASIL
Tel.: (11) 4781-0006

Por e-mail
graal@graal.org.br

Pela Internet
www.graal.org.br

NA LUZ DA VERDADE
Mensagem do Graal, de Abdruschin

Obra editada em três volumes, contém esclarecimentos a respeito da existência do ser humano, mostrando qual o caminho que deve percorrer a fim de encontrar a razão de ser de sua existência e desenvolver todas as suas capacitações.

Seguem-se alguns assuntos contidos nesta obra: O reconhecimento de Deus • O mistério do nascimento • Intuição • A criança • Sexo • Natal • A imaculada concepção e o nascimento do Filho de Deus • Bens terrenos • Espiritismo • O matrimônio • Astrologia • A morte • Aprendizado do ocultismo, alimentação de carne ou alimentação vegetal • Deuses, Olimpo, Valhala • Milagres • O Santo Graal.

vol. 1 ISBN 978-85-7279-026-0 • 256 p.
vol. 2 ISBN 978-85-7279-027-7 • 480 p.
vol. 3 ISBN 978-85-7279-028-4 • 512 p.

ALICERCES DE VIDA
de Abdruschin

"Alicerces de Vida" reúne pensamentos de Abdruschin extraídos da obra "Na Luz da Verdade". O significado da existência é tema que permeia a obra. Esta edição traz a seleção de diversos trechos significativos, reflexões filosóficas apresentando fundamentos interessantes sobre as buscas do ser humano.

Edição de bolso • ISBN 978-85-7279-086-4 • 192 p.

OS DEZ MANDAMENTOS E O PAI NOSSO
Explicados por Abdruschin

Amplo e revelador! Este livro apresenta uma análise profunda dos Mandamentos recebidos por Moisés, mostrando sua verdadeira essência e esclarecendo seus valores perenes.

Ainda neste livro compreende-se toda a grandeza de "O Pai Nosso", legado de Jesus à humanidade. Com os esclarecimentos de Abdruschin, esta oração tão conhecida pode de novo ser sentida plenamente pelos seres humanos.

ISBN 978-85-7279-058-1 • 80 p. • *Também em edição de bolso*

RESPOSTAS A PERGUNTAS
de Abdruschin

Coletânea de perguntas respondidas por Abdruschin no período de 1924-1937, que esclarecem questões enigmáticas da atualidade: Doações por vaidade • Responsabilidade dos juízes • Frequência às igrejas • Existe uma "providência"? • Que é Verdade? • Morte natural e morte violenta • Milagres de Jesus • Pesquisa do câncer • Ressurreição em carne é possível? • Complexos de inferioridade • Olhos de raios X.

ISBN 978-85-7279-024-6 • 208 p.

OBRAS DE ROSELIS VON SASS

A Desconhecida Babilônia
A Grande Pirâmide Revela seu Segredo
A Verdade sobre os Incas
África e seus Mistérios
Atlântida. Princípio e Fim da Grande Tragédia
Fios do Destino Determinam a Vida Humana
Leopoldina, uma vida pela Independência
O Livro do Juízo Final
O Nascimento da Terra
Os Primeiros Seres Humanos
Profecias e outras Revelações
Revelações Inéditas da História do Brasil
Sabá, o País das Mil Fragrâncias
Tempo de Aprendizado

OUTROS AUTORES

A Vida de Moisés
Aspectos do Antigo Egito
Buddha
Casca vazia
Cassandra, a princesa de Troia
Éfeso
Espiando pela fresta
Jesus Ensina as Leis da Criação
Jesus, Fatos Desconhecidos
Jesus, o Amor de Deus
Lao-Tse
Maria Madalena
Nina e a montanha gigante
Nina e a música do mar • Sereias
Nina e o dedo espetado • Dompi

O Dia sem Amanhã
O Filho do Homem na Terra
Os Apóstolos de Jesus
Quem Protege as Crianças?
Reflexões sobre Temas Bíblicos
Zoroaster

Veja em nosso site os títulos disponíveis em formato
e-book e em outros idiomas: www.graal.org.br

Correspondência e pedidos

ORDEM DO GRAAL NA TERRA

Rua Sete de Setembro, 29.200 – CEP 06845-000
Embu das Artes – SP – BRASIL
Tel.: (11) 4781-0006
www.graal.org.br
graal@graal.org.br

Fonte: Adobe Garamond Pro
Papel: Avena 70g/m^2
Impressão: Mundial Gráfica